Spitzen und ihre Charakteristik

Bertha von Jurie

Alpha Editions

This edition published in 2022

ISBN : 9789356704251

Design and Setting By
Alpha Editions
www.alphaedis.com
Email - info@alphaedis.com

Contents

Vorwort.

Ich habe absichtlich die französischen, italienischen, eventuell flämischen Ausdrücke beibehalten, da ich von der Anschauung ausgehe, daß in deutscher Übersetzung die Worte unverständlich werden. –

Meine Ansicht, was eigentlich der point d'Angleterre ist, habe ich Allan Cole Direktor des South Kensington Museum nachgebildet. –

Die englischen Spitzen berühre ich nur flüchtig, da sie mir zu wenig bekannt sind – und ihr Unterschied nur eine Geschmackdifferenz der belgischen duchesse zu den englischen duchesse-honiton bedeutet. Über torchon-Cluny und alle die vielen Auvergnespitzen habe ich, was ihre Geschichte anbelangt, zu wenig Material gefunden, künstlerisch haben sie aber fast gar keine Bedeutung, ebensowenig für die Entwicklungsgeschichte der Spitzen, wohl aber ökonomisch. Meine Absicht ist, ein leicht faßliches Handbuch für spitzenliebende Damen zu schreiben – eine Art Nachschlagebuch, da es in dieser Art meines Wissens in deutscher Sprache nichts gibt.

Ich versuche die charakteristischen Merkmale der einzelnen Spitzen hervorzuheben – ihre Verwandtschaft untereinander – und nehme einen so ziemlich neuen Standpunkt insofern ein als ich die große Bedeutung des technischen Verfahrens betone und so lege ich starkes Gewicht auf die innige Verwandtschaft der genuesischen Klöppelspitzen mit den flämischen einerseits und andererseits der Mailänder zu den Brüsselern (Brabanter und point d'Angleterre etc.) in ihrer geteilten Ausführungsart.

Ich nehme also Genua, Mailand, Flandern und Brabant als Gattungsbegriffe an.

Andererseits suche ich die Wechselwirkung der Klöppel- und Nadelspitzen der einzelnen Nationen untereinander im Stil und Zeichnung zu betonen.

Natürlich ist das Thema in keiner Weise erschöpft.

Ich habe mich tunlichst aller Anekdoten enthalten.

Ich verweise auf die Werke von Allan Cole, A. M. S., Bury Paliser, Dreger etc.

Die Originale der abgebildeten Spitzen befinden sich zum Teil im Besitze der Damen: Frau Anna von Herz-Hertenried, Frau Fanny Kobeck-Steyrer, Frau Löw-Unger und ich spreche diesen Damen hiermit meinen besten Dank für die freundliche Überlassung der Spitzen zum Zwecke der Abbildung aus.

Spitzen.

Nichts ist so sehr vom Weibe, für das Weib geschaffen, wie die Spitzen. Nichts kleidet die Frau jeden Alters – ob Kind oder Greisin – besser und lieblicher als die Spitzen. – Nichts aber auch ist in der Arbeit selbst so symbolisch weiblich, wie dieser schönste und edelste Schmuck, dessen Anfertigung hingebende Geduld und rastlosen Fleiß erheischt: Zu stillem, weltfremden Lebenswandel gezwungen, arbeitet und müht sich die Spitzenarbeiterin ihr Lebelang für andere! – Es wäre daher nur zu begreiflich, wenn die Frauen stolz wären auf dieses ihr eigenstes Gebiet, auf welchem sie noch niemals vom Manne überholt wurden, das so originell und künstlerisch hochstehend ist. – Und dennoch ist eben in den letzten Jahrzehnten eine gewisse Stagnation in diesem Zweige echt weiblicher Kunstfertigkeit zu bemerken, deren Grund wohl nicht allein in der Nachahmung durch die Maschine, sondern gewiß auch in tiefergehenden soziologischen und ökonomischen Momenten zu suchen ist.

Ein geistreicher Franzose hat das XIX. Jahrhundert »das Zeitalter des Talmis« genannt – Preßglas, Pakfong, Kunstmarmor und eine Unzahl anderer Imitationstechniken und Pseudomateriale versuchten die Erzeugnisse auf den betreffenden Produktionsgebieten zu überholen, im Preise zu unterbieten, und deren Nachahmungen als Massenartikel breiten Schichten zugänglich zu machen.

Als naturgemäße Reaktion gegen diese mißverständlich demokratische Tendenz sehen wir in eben demselben Jahrhunderte den Sammelgeist wie noch nie erwachen: Edle Bronzen, echte Teppiche, geschliffene Gläser, all die zahllosen Betätigungen längst dahingegangenen Kunstfleißes kamen zu noch nicht dagewesener leidenschaftlicher Würdigung. – Denn der Mensch hat – sei es die Schwäche, sei es den Vorzug, je verfeinerter er wird, desto mehr den Trieb sich aristokratisch von der Masse differenzieren zu wollen und den Besitz von Gegenständen eifrigst anzustreben, die nicht jedermann zugänglich sind und deren Erkenntnis und Genuß allein einen höheren Grad von Kultur voraussetzen. Merkwürdigerweise scheinen die Spitzen von dieser Strömung ausgeschlossen zu sein; wohl hat man noch selten so viele Spitzen getragen wie gerade jetzt; aber die Trägerinnen echter Spitzen sind zu zählen und Frauen, die sich schämen würden, falschen Schmuck anzulegen, schmücken ihre Kleider, ihre Wäsche, ihr Heim in unbegreiflicher Unbekümmertheit mit der Lüge der falschen Spitze! Der moderne Mensch hat offenbar das Verständnis für die Schönheit der echten Spitzen verloren und ist auf diesem Gebiete so ungebildet und abgestumpft, wie kaum einem anderen Kunstzweige gegenüber.

Früher klöppelten und nähten die vornehmen Frauen selbst, sie bildeten ihre Umgebung heran, ein fortwährender Meinungsaustausch bestand, der Ehrgeiz wurde geweckt, die Phantasie angeregt, und in diesem Wettbewerb erwuchsen die reizenden Blüten der alten Spitzenkunst.

Heute unterscheidet die Dame oftmals kaum die Nähespitzen von den Geklöppelten; sie versteht die Technik nicht, und so bleibt sie vor den schönsten Arbeiten gleichgültig. Aber ebenso wie die besten Bewunderer einer Bilder- oder Photographien-Ausstellung stets die Dilettanten sind, und das Publikum eines Pianisten meistens Selbstspielende im Konzertsaal bilden werden, ebenso würde erst dann die Dame die Spitzen voll genießen, wenn sie selbst dilettantisch Spitzen erzeugen würde; keinesfalls würde sie damit der Berufsarbeiterin Konkurrenz machen, sie würde nur mit erhöhter Neugierde den Schöpfungen ihrer ärmeren Schwestern gegenüberstehen. Wahre Freude und wirkliches Interesse kann zweifellos nur da vorhanden sein, wo ein gewisser Grad von Verständnis und Vorbildung für den Gegenstand gegeben ist: Ein derartiges Verständnis müßte sich gerade in unserem Falle sozusagen automatisch verbreiten, denn der Besitzerin und Trägerin von schönen Spitzen genügt es nicht, daß sie allein deren Wert kennt, sie möchte auch das Interesse ihrer Umgebung dafür wecken. – So war es einstens, so ist es heute noch in weit höherem Maße als bei uns zu Lande in Frankreich, in Belgien, in England. –

Es genügt wahrhaftig nicht, daß wir im Inlande künstlerisch und technisch gleich hochstehende Spitzen zu erzeugen vermögen, daß wir von ausländischen Ausstellungen die höchsten Preise heimtragen, wenn das heimische Publikum verständnislos der eigenen Ware gegenübersteht. Zunächst müßte das Publikum verstehen lernen, worin die Schönheit der Spitzen besteht, warum der Preis bei diesen und jenen höher oder niederer ist, so wie es die kleinste und bescheidenste Bourgeoise in Paris versteht, bei ihren Einkäufen in allem und jedem zu differenzieren und zu taxieren, und nie das Gefühl des »Betrogenwerdens« hat, das jeden Einkauf zur Qual macht. Und nicht nur die modernen Spitzen, auch dem ererbten Spitzenschatze wird dann die Dame mit dem angeregten Interesse des annähernden Sachverständnisses gegenüberstehen, sie würde ihn allgemach bewerten, bewundern, und lieben lernen: »Was du ererbt von deinen Vätern hast, erwirb es, um es zu besitzen« gilt auch hier.

Oft ist durch kleine Mittel viel Gutes zu schaffen: In den Schulen müssen heute noch die kleinen Mädchen obligat einen Strumpf stricken lernen; meistens bleibt es auch der einzige ihres Lebens, denn hier hat die Maschine die anerkannte Meisterschaft davongetragen. Könnte man nicht lieber in derselben Zeit die Grundbegriffe der Spitzenarbeit lehren? Den Ärmeren würde damit vielleicht die Anregung zu einem späteren Nebenerwerbe, zumindest aber eine praktische Kenntnis mehr gegeben, die ihnen einmal einen bescheidenen, gediegenen, selbstgeschaffenen Luxus erlauben würde. Die Wohlhabenden würden vielleicht den Spitzen ein regeres Interesse bewahren. Man wende nicht ein, daß die Spitzenarbeit dem Auge schädlich sei. Vierzehn und mehrstündige Arbeit im Tage, bei schlechtem Lichte, in elenden dumpfen Stuben, schadet freilich der Gesundheit, und die bleichen Gesichter, die uns in den Spitzenindustriedistrikten begegnen, geben dafür ein trauriges Zeugnis: aber ist es minder schädlich, unter denselben Verhältnissen und demselben Zwange einer unerbittlichen Not, tagein tagaus hinter der Nähmaschine zu sitzen?

Aber sollte der wunde Punkt vielleicht darin bestehen, daß es eben ein Kunstzweig des Weibes für das Weib ist? Der Mann interessiert sich außer kommerziell fast gar nicht mehr dafür; früher trugen die Männer gleich den Frauen Spitzen, aber fast parallel mit dem Aufkommen der Maschinenerzeugungen legten die Männer die Mode des Spitzenjabots ab. – Ist es gesucht, dies in einen Zusammenhang zu bringen? Und soll man es nur damit motivieren, daß der Mann zu jener Zeit ein für allemal mit dem Putze aufhörte? – Ich glaube nicht; denn die gestärkte Wäsche ist, so einfach sie sich ansieht, doch unverhältnismäßig teuer; auch weil sie sich unendlich schnell abnutzt.

Die Kleidung des Mannes ist durchwegs solider und reeller, die Stoffe sind fester und dauerhafter, es wird der Schein gemieden; und so bin ich überzeugt, daß, wenn heute wieder eine Modelaune oder ästhetische Einsicht die Jabots für die Männer aufbrächte, es gewiß keinem eleganten Manne einfiele, Maschinenspitzen dafür zu verwenden. Die mondaine Frau hingegen gibt jährlich viele Perzente ihres Toilettegeldes für etwas Falsches, Unschönes und Undauerhaftes aus, das nach einer Saison verschwinden muß, während die echten Spitzen, wenn auch teurer, den bleibenden Wert haben: in verschiedenster Verwendung können ein und dieselben Spitzen immer wieder aufleben und verwendet werden. Es gibt Damen, die wahre Schätze an alten Spitzen besitzen, und auf ihren Kleidern nur falsche tragen; sie wenden achselzuckend ein, einmal Tragen könnte zu viel Wertvolles vernichten, kaufen aber deshalb keine modernen echten Spitzen, weil sie zu viel alte besitzen. Die Logik hinkt in diesem Falle. Die modernen Spitzen sollen doch nicht die Erbsammlung vergrößern, und als totes Kapital liegen bleiben, sondern sollen eben, weil sie neu sind, und der Faden noch nicht mürbe und brüchig ist zum wirklichen Kleiderschmucke dienen. Es wird niemand leugnen, daß nichts so gut kleidet, wie echte Spitzen. Weiß ist stets die beste Umrahmung für ein Gesicht, besonders für ein nicht mehr ganz junges. Es löst die scharfen Schatten durch den Lichtreflex auf, der Ton der Haut wird gehoben und belebt, und erscheint durchsichtiger. Es ist oft schwer, besonders an der Winterkleidung, dieser ästhetischen Regel zu folgen. Doch Spitzen lassen sich immer anbringen, nur müssen es echte sein.

Es fiele keiner Dame ein, in einem eleganten Hauswesen Porzellan auf den Tisch zu bringen, wie man es auf Bahnhöfen oder Vergnügungs-Etablissements als Massenartikel verwendet; sie nehmen aber auch gewöhnlich nicht ihr altes Meißner oder Wiener Porzellan von der Wand herab in Benutzung, sondern sie verwenden ein geschmackvolles modernes Service, das – wenigstens im Prinzip – kunstgewerblich so hoch steht, daß es in kommenden Tagen, wenn es die vorübergehende Periode des Unmodernseins überwunden hat, würdig seinen Platz neben den Antiquitäten anderer Zeiten ausfüllen wird.

Nun haben die Spitzen eine eigentümliche, nicht genug gewürdigte Eigenschaft: sie werden niemals unmodern, nicht nur objektiv gesprochen, sondern auch subjektiv; sie sind einfach alt oder neu. Das Odium »unmodern« haftet ihnen niemals an. Nehme man Brüsseler Spitzen aus den 40er bis 60er Jahren des vergangenen Jahrhunderts, also gewiß keiner guten Stilzeit. Sie werden trotzdem verwendet werden können, ohne dem Kleide den Stempel der Geschmacklosigkeit aufzudrücken. Man versuche das mit einem Gold- oder Juwelenschmucke aus dieser Zeit! Oder selbst mit einem Schirmgriff, einem Retikule oder einer Gürtelschnalle.

Noch eine andere Eigenschaft haben die Spitzen, welche nicht genügend beachtet wird, obwohl sie dem Zuge unserer Zeit so sehr entspricht. Sie sind der individuellste Zierat, den eine Frau haben kann, falls sie ihn nur irgendwie anstrebt. Die exklusivste Mode wird nach einem Vierteljahre zum abgedroschenen, banalen Tragen, daher das rasche Wechseln der sich differenzieren Wollenden, und das Imitieren aus zu vergänglichem Materiale des großen Publikums, das atemlose Hasten nach Neuem; und dabei dreht sich die Mode in einem engen Kreise, hascht nach Altem und kombiniert nur Neues.

Wegen dieser Eigenschaften haben die Porträtmaler von jeher die Spitzen gerne an ihren Modellen verwendet: weil sie nicht dem Wechsel der Mode unterliegen; weil sie dem Gesichte einen milden Reflex geben, der die Schatten zart und verschwommen macht und jene von Leonardo da Vinci verlangte Beleuchtung des zerstreuten Lichtes unterstützen helfen und schließlich wegen ihres individuellen Gepräges.

Die Handarbeit, also das Kunsthandwerk, hat immer einen eigentümlichen Zauber. Ein Hauch von Seele und Charakter des Erzeugers spricht, ihm selber unbewußt, aus seiner vollendeten Arbeit zu uns. Es ist eine bescheidene und naive Sprache. Das Kunsthandwerk verhält sich zur absoluten Kunst, wie das erlauschte Volkslied zu einer die Aufmerksamkeit voll in Anspruch nehmenden Symphonie.

Kleine Unregelmäßigkeiten, kleine persönliche Züge geben der Arbeit ein reizvolles Gepräge, es liegt etwas wie latentes Gemüt in der Arbeit.

Das Milieu spielt neben der Persönlichkeit auch eine große Rolle. Wie ließe es sich sonst erklären, daß so oft Spitzen von einem Land zum andern importiert wurden, und zwar stets zur möglichst getreuen Nachahmung, weil es sich immer um eine geschäftliche Konkurrenz handelte; daß trotzdem die Art der Spitzen in der neuen Umgebung ihr Ansehen veränderte, falls sie sich als neuer Industriezweig wirklich einbürgerten. So geschah es mit den Venetianer Spitzen im XVII. Jahrhundert, die in Alençon aus Brotneid eingeführt wurden, und bereichert zu den Venetianern als points d'Alençon zurückkehrten, um sich wieder in points plats de Venise, und Buranospitzen zu wandeln. Zur Zeit, als man noch alle Feinheiten der Spitzen voll würdigte, knüpfte die Tradition an manche Stadt besonders hervorragende Vorzüge; so galt es als ausgemacht, daß die Spitzen von Valenciennes unvergleichlich schöner seien, wenn sie in der Stadt selbst erzeugt waren. Dieselbe Arbeiterin, mit denselben Faden und Klöppeln könnte eine in Valenciennes angefangene Arbeit außerhalb der Stadt nicht so schön vollenden, hieß es, und ebenso sprach man von Malines und anderen Orten, und ist dies auch nur als ein Märchen hier zu wiederholen, so liegt in ihm, wie in jedem Aberglauben ein Kern Wahrheit; die Sitten und Gebräuche, die Reinlichkeit im allgemeinen, die Zartheit der Hände, der ganze Lebenswandel wird durch diesen Beruf beeinflußt. Auch waren die Spitzen wertvoller, wenn sie als fortlaufende ganz von ein und derselben Person angefertigt waren. So bringt Mme. Paliser einen Auszug einer Rechnung von Mme. du Barry: 2 barbes et rayons de vraies Valenciennes, 3 aunes ¾ collet, 4 aunes, grand jabot, le tout de la même main.

Es waren die Einfachsten der Einfachen, die Spitzen arbeiteten. Sie kamen wohl nicht oft aus dem Umkreise ihres Hauses heraus und verstanden nicht viel mehr, als ihre Nadel oder den Klöppel zu führen, ihre Ausbildung war eine einseitige, vom Zeichnen hatten sie keine Ahnung, und doch, dadurch, daß sie von frühester Kindheit geübt wurden, insbesondere die Klöpplerinnen (meistens vom fünften oder sechsten Jahre an) beherrschten sie so sehr das Mechanische ihrer Arbeit, daß diese ganz instinktmäßig vor sich ging und ihnen gar keine Schwierigkeiten bereitete, so daß der Überschuß an Aufmerksamkeit sich in einen gewissen, kaum meßbaren sehr verfeinerten Kunstinstinkt umwandelte, der einem sechsten Sinne gleich ihnen anhaftete. Dies haben die Frauen der Spitzenkaste gemein mit den Menschen der Renaissance, den Japanern und den Italienern des Volkes: das Gefühl für das Schöne, das naiv und unbewußt zum Ausdruck kommt und was es berührt, veredelt.

Der Unterschied liegt durchwegs mehr in der Behandlung durch die Verschiedenartigkeit der Technik und des Materiales bedingt, als in der Abwechslung der Zeichnungen aus ein und derselben Zeit. Bevor der réseau gefunden war, war die freie Entwicklung der Zeichnung immer an gewisse Regeln gebunden.

Die älteren Malines haben oft die fast gleiche Zeichnung wie die alten Brüssler Spitzen, dabei ist ihre Ausführung grundverschieden; ebenso verhält es sich mit Brüssler zu Malines, Malines zu Lilles und point de France und Valenciennes zu Mailänderspitzen.

Man darf nicht vergessen, daß in jenen Zeiten der Stil in allen Zweigen ein einheitlicher war. Die Ornamente, sei es nun für Brokate, Gläserätzung, Waffen, Leder, Samt, Spitzen, entsprangen alle demselben sehr ausgeprägten Stilgefühle.

Bei den ältesten Spitzen mußte das Ornament in seinen Linien ganz dicht ineinander passen; das heißt, es blieb von Linie zu Linie nicht mehr Zwischenraum, als eine bride überbrücken konnte.

Das Muster war großzügig und füllte die gegebene Breite der Spitzen voll aus. Häufig ist es ein Hauptstamm, von dem aus sich Zweige ranken und Blumen verästeln und möglichst gleichmäßig über den Raum verteilen.

Eine andere Art der Zeichnung, – ein ornamentales Labyrinth und ein bandartig verschlungener in seiner Abart muschelartiger Dessin, – war sehr verbreitet, besonders letzterer in jenen Gegenden, wo die Spitzenerzeugung nur bäuerliche Hausindustrie blieb, wie in einem Teile Deutschlands, in Rußland und Skandinavien. Aber hier wurde sie zu einem toten Arm, und die Linien der Zeichnungen werden immer geistloser nachgeahmt, wie es stets mit stagnierenden Gedanken geschieht.

Sehr bezeichnend für diese Art hausbackener Dessin nennen die Italiener diese Spitzen vermicelli. Die oft sehr hübschen Litzenspitzen sind eine bequeme und billigere Nachahmung derselben, und entarteten schließlich in die schrecklichen modernen point-laces. Je schöner und vollkommener die Spitzen sich entwickelten, desto mehr trachtete Zeichnung und technische Ausführung miteinander Schritt zu halten. Um dem Zwange des Ineinanderfügens der Linien zu entgehen, machte man brides, die sich in der weiteren Technik verästelten und noch später eine unregelmäßige, wabenartige Masche bildeten. Es war den Klöpplerinnen vorbehalten, den eigentlichen réseau erfunden zu haben.

Von den flandrischen Spitzen übernahmen den réseau die points d'Alençon, und von denen wieder die Venezianer; erst mit dem Aufkommen des regelmäßigen réseaus, welches der Zeichnung Rückhalt und Stütze gab, konnte sich diese frei entfalten. Es ist die beste Zeit für den Stil der Spitzen. Das Ornament folgte im freien Schwung, ungehemmt durch technische Rücksichten, den Eingebungen der Phantasie, und blieb edel. Man fühlt noch die traditionelle Schulung und das Maßhalten; später erst zersplitterten sich die Ornamente, wurden erfindungsarm und sparsam, was auch teilweise durch die billigere Herstellungsart, insbesondere als die Applikationen aufkamen, bedingt war. So hat die Erfindung des réseaus einen ausschlaggebenden Einfluß auf die Zeichnung und Art der Spitzen genommen. Jetzt erst konnten die leichten, zarten Volants gemacht werden. Die Spitzen individualisierten sich oder besser gesagt, nationalisierten sich. Der Zeichner konnte seiner Phantasie mehr Spielraum geben und fand reiche Anregung in den herrschenden heimatlichen Ornamenten, sowie in der Verwendung für die Volkstrachten und häuslichen Gewohnheiten. Geographisch hat aber anfangs Italien mit seinen Spät-Renaissance-Ornamenten lange Zeit die Zeichnungen ganz beeinflußt, sie wurden aber später ganz und gar von dem Versailler Stil der aufeinander folgenden drei Louis verdrängt, der von nun an, besonders in allen größeren Volants zum Ausdrucke kommt. Es ist Decadence, aber reizende Decadence, die nur leider den Übergang zu dem großen Geschmacksverfall bildet. So reizend und erfindungsreich sich die points d'Alençon, die Venetianischen und points d'Angleterre in ihren abwechslungsvollen Dessins darstellen, so bringen sie doch ein Element hinein, welches eigentlich nicht mehr ganz zur Spitzendarstellung geeignet ist, schwere, zu irdische Gegenstände, die man sich gar nicht anders, als wie in den drei Dimensionen vorstellen kann, Menschen, Musikinstrumente, Gueridons, Vasen, kurz Dinge, die durch ihr Gewicht in Widerspruch mit dem Transparenten und Ätherischen der Spitzen stehen, und was schließlich in dem Mißverständnis der Ornamente der Chantilly des XIX. Jahrhunderts endet. Die Blumen sind verkürzt, und mit Voraussetzung der Perspektive dargestellt, außerdem hat man noch die absolute Imitation der Natur im Auge. Diese Spitzen verlieren trotz ihrer großen Prächtigkeit viel dadurch, daß sie bei ihrer Anfertigung durch zu vielerlei Hände gingen, daß die Zeichnung nicht mit der Technik im Einklang steht, und daß mit ihnen die Individualität, das höchste Ziel des Kunsthandwerkes abhanden kommt, denn diese kann nur erreicht werden, wenn sie, in der Hauptsache wenigstens, nur von einer Person gemacht werden. So stehen die flämischen Klöppelspitzen in dieser Beziehung an erster Stelle. Wie die Teilung der Arbeit bei Alençon und Venetianer eintrat, verlor sich die innige Fühlung des Gedankens und der Interpretation, und am schlimmsten in der Beziehung, was geistlose Arbeit anbelangt, sind auch die in der Zeichnung zu unterst stehenden Chantilly.

Man versteht unter Spitzen eine Arbeit, die entweder durch Hilfe von Nadel oder Klöppel auf einem regelmäßigen Grunde, – réseau und treille genannt – gemacht ist, oder eine Arbeit ähnlicher Art, deren Zeichnung sich von einem unregelmäßigen Grunde abhebt. Letztere erscheint dadurch, daß sie unabhängig von einem Grund gemacht ist, freier, doch legt ihr eben diese scheinbare Freiheit mannigfachen Zwang auf.

Die Wirkung der Spitzen als reich, elegant, einfach, weich, durchsichtig und kleidsam hängt von der Anordnung und Verteilung der: fond, toilé, mats, jours, grillé, engrêlure, pied, picots, brides untereinander ab, und von der Wahl des Materiales. Charles Blanc hat einen ausgezeichneten Vergleich aufgestellt. Die Nadel verhält sich zum Klöppel, wie der Bleistift zum Wischer. Was die Nadel hervorhebt und unterstreicht, verwischt und mildert dagegen der Klöppel. Die Kontur der Nadelspitzen ist stets eine klare, fast harte. Die Klöppelspitzen hingegen haben etwas Weiches, Verträumtes und Mildes. Aber im allgemeinen kann die Technik aller Spitzen am besten mit einer Radierung verglichen werden. Wie die Kunst des Graveurs mit der Radiernadel genau weiß, welche Wirkung mit schiefen, geraden, kurzen oder breiten Strichen, mit Punkten und Kreisen, Wiederholungen, mit Aussparungen und Verdichtungen, mit Licht und Schatten erzielt wird, so weiß auch die Spitzenverfertigerin alle Reichtümer ihrer Technik auszunützen. Hier wird ein mat angewendet, hier ein grillé, dort ein Übergang mit einem jour; ein Akzent wird durch das Cordonet gegeben, und einen Kontrast oder einen Ausgleich soll der Fond bilden, und die Wahl des Fadens, der Nadel oder des Klöppels ist wie die Wahl des Papiers und Ätzmittels.

Da wie dort kann man sagen: kleine, sehr kleine Ursachen, große Wirkung. Alle diese kleinen Ursachen mit Takt anzuordnen und richtig zu benützen, führt zur Meisterschaft in dem Fache und bildet die Kunst. Das Wort Spitzen ist selbst nicht sehr alt, ebensowenig wie dentelles, und wurde erst in Anwendung gebracht, als die gezackten Kragen und Manschetten aufkamen; und anfangs gebrauchte man es nicht allein. Man sagte, passement à bord droit. Das Wort passement, Kante, Borte, wurde bis ins Jahr 1800 meistens gebraucht, und zwar ohne viel Differenzierung für jedweden Kleideraufputz, der als Abschluß dienen konnte, sei es nun eine gold- oder silbergewebte Borte, oder eine Stickerei (mit Perlen besetzt), wenn es nur den Zweck des Besatzes erfüllte oder bortenmäßig benützt werden konnte.

Ein zweites Wort: »Kanten« wurde lange Zeit besonders in Nord- und Nordwest-Deutschland gebraucht, so wie dies noch heute im Holländischen der Ausdruck für Spitzen ist. Ob die Worte points oder pointois von dem Wort Stich oder dem anschaulichen Begriff der Spitzen, scharfen Zacken herrühren, ist schwer zu entscheiden. Aber eben, weil die Spitzen vielerlei Ursprünge und Abarten hatten, gab es ursprünglich kein einheitliches Wort dafür. Man war früher genauer und umständlicher. Wenn man später unter points kurzweg Nadelspitzen verstand, so sind unter dentelles nicht ebenso als Gegensatz Klöppelspitzen zu verstehen. Man sagte:

passement dentelé
passement à l'aiguille
passement fait au métier.

Passement dentelé war anfangs einfach ein Modeausdruck, als die stark gezackten Kragen und Manschetten, insbesondere die genuesischen, getragen wurden, und entspricht dem »gezähnt, gezackt«. Im Deutschen beschränkte man sich meistens auf die sinngetreue Übersetzung aus dem Französischen. Die spitzenerzeugende Bevölkerung hat die technischen Bezeichnungen fast alle aus dem Flämischen und Plattdeutschen übernommen.

Der Käufer gebrauchte das französische Wort und dessen deutsche Übersetzung. Denn die deutsche Umgangssprache war nach dem dreißigjährigen Kriege gewiß zum Drittel mit französischen Worten untermengt, und es galt als guter Ton, dieses Kauderwelsch zu sprechen, insbesondere die Mode und höfischen Worte, und so finden sich bis heute viele Ausdrücke des Spitzenhandels nur im Französischen und werden unverändert gebraucht: barbe, volants, ruche, à jour, fichu, manchette, jabots, picots, etc.

Was den Ursprung der Spitzen anbelangt – geht es einem wie mit einem Flusse; geht man seinem Ursprunge nach, so entdeckt man, daß er aus vielen kleinen Bächen, Quellen und Zuflüssen entsprungen ist. Manchmal fließen diese lange nebeneinander und erst nach und nach stoßen sie zusammen, um den mächtigen Strom zu bilden. Viele Quellen der Spitzen entspringen im Orient. Damals war das ganze abendländische Kulturleben vom Orient befruchtet. Die Prachtliebe, die Farbenfreudigkeit, stammen aus dem Osten; feine schleierartige Gewebe wurden gleich der Seide erst durch die Kreuzzüge wirklich bekannt. Diese Stoffe wurden bewundert und man versuchte sie der europäischen Tracht anzupassen. Auf den präraffaelitischen Bildern sehen wir die heiligen Frauen mit einem unendlich feinen Schleier auf dem Haupte, dem Zanzera, und ein Streifen dieses zwischen dem Leinen-Battiste und der Seidengaze stehenden Stoffes umhüllt ihnen keusch Nacken und Busen. Der Rand des »Zanzera« sowohl wie der des hemdartigen Gewandes sind mit einem zarten, erhabenen Ornamente geschmückt, oder auch bloß fein gefältelt; fast könnte man glauben, eine Art Spitzen zu entdecken; es sind jedoch keine, und diese Schleier haben andere Bedeutung. Es ist in bezug auf die Spitzen der Beginn der Jahrhunderte lange währenden Mode des Weiß als Abschluß zur Haut, und zu dieser Verwendung wurden später die meisten Spitzen gemacht.

Andere Quellen wurzeln in den heimischen Zünften Goldstickerei, Posamentiererei und Weberei. Aus diesen entwickelten sich die Guipures. Ferner die Gold- und Silberspitzen, die Klöppelspitzen und wie sie später an jeweiliger Stelle aufgezählt und geschildert werden.

Italien und die Niederlande kämpfen um die Palme, die Spitzen zuerst erzeugt zu haben, diese Frage wird wahrscheinlich niemals unanfechtbar zu

Gunsten des einen oder des anderen Landes entschieden werden. Zu viel Chauvinismus trübt die älteren Berichte, und später trat ein so reger Austausch von Land zu Land ein, jedes neue Muster, jeder Fortschritt in der Ausführung, jede Mode und jeder Erfolg verbreiteten sich sofort weit über die Grenzen der eigenen Heimat.

Vermutlich werden die Versuche fast gleichzeitig gemacht worden sein, der Boden war eben reif die Saat aufzunehmen und sprießen zu lassen. Keinesfalls darf man sich vorstellen, als ob die Spitzen plötzlich als eine Art Erfindung entstanden wären, gleichwie Minerva aus dem Haupte Jupiters sprang. Nein, langsam bildeten sich die Spitzen, aus den verschiedenen Zweigen der textilen Künste ihre Motive und Anregungen schöpfend; die Spitzen wurden fortwährend verändert und die Technik erweitert, und als in ihrer Entwicklung ein Stillstand eintrat, – im Anfange des vergangenen Jahrhunderts, – war auch eine gewerbliche Stagnation, ob Ursache oder Wirkung bleibt unentschieden, ihre Begleiterscheinung.

Und deshalb haben zum Beispiel die modernen österreichischen Spitzen den Keim der Lebensfähigkeit in sich, weil sie sich nicht begnügten, zu imitieren, sondern selbständig weiterschufen, an alte Tradition anknüpfend, neue Techniken verwertend. Jedenfalls sind die Näh- und Klöppelspitzen ziemlich gleichzeitig als selbständige – freie – Spitzen gemacht worden; es dürften nur die Vorläufer der Nähspitzen, nämlich die Leinen à jour Arbeiten, in der Zeichnung und Wirkungs-Intention auch den Klöppelspitzen, die in der Technik von Posamentiererei und Weberei lernten, zur Anregung gedient haben. Genäht wurde zuerst aber nur der Nützlichkeit wegen, infolgedessen bildete sich die Technik der Nadel am meisten und schnellsten aus. Dem Nützlichen gesellte sich bald der Wunsch nach dem Schönen zu. Nebstbei kam es Tischtuch, Vorhang und Gewand zu statten, wenn die Säume beschwert wurden. Das betreffende Stück benutzte sich besser, es hatte einen schöneren Faltenwurf und der Wind konnte weniger damit herumschlagen, bei feineren Geweben aber verhütete man dadurch, daß die Säume sich aufrollten. So entwickelte sich die Technik immer mehr und es konnten neue Versuche gemacht werden. Die orientalischen Knüpfarbeiten (macramé), die Fransen, das Zusammenziehen der Fäden, bei schütteren Geweben in Gruppen und Büscheln, das Herausziehen der Fäden, das Besetzen mit doppeltem Stoff, das alles bildete sehr hübsche Effekte; Ornamente wurden gebildet, und so waren »à jour« und »punto tirato« da. Die ausgeschnittenen Stellen, – vielleicht wurde manchmal aus der Not eine Tugend gemacht, – wurden mit Rädern und Stäbchen aus Knopflochstich mit spinnetzartigen Mustern gefüllt. Und diese einfachen geometrischen Figuren wurden mit der Zeit und Übung immer komplizierter und da fängt die Grenze an, wo es oftmals schwer zu unterscheiden ist, ob sie noch als points coupé, punto tagliato oder punto tirato, aus der Leinwand gearbeitet sind, oder schon als selbständige Spitzen (punto in aere) behandelt wurden. In Österreich nennt man diese Arbeiten meistens, ohne viel Unterschied zu machen, Reticella oder Ragusaspitzen, was aber weder der allgemein gebräuchliche noch durchaus richtige Ausdruck ist. Die Fischer haben von altersher genetzt, es wurden Stoffe und Borten gewebt, Passements aus Gold und Silber, teils gewebt, teils gestickt. Aus dem Orient kamen Anregungen; das täglich umgehende Leben gab auch solche nicht nur in den textilen Handwerken, sondern auch in Architektur, im Ziselieren der Waffen, überall fand man das Streben durch Licht und Schatten und scharfe Konturen künstlerische Wirkungen zu erzielen, die nicht auf Farbe und Plastik beruhen. Und so versuchte man mit anderen Mitteln dasselbe, was schließlich in den Spitzen gipfelte.

In alten Zeiten war der mündliche Meinungsaustausch ein großer. Ebenso wie in den Spinnstuben abends, kamen tagsüber Gruppen von Frauen, Mädchen und Mägde zusammen, um in dem Hause einer vornehmen und reichen Frau gemeinsam zu arbeiten. War es nun eine Altardecke, oder die Heiratsausstattung für ein manchmal noch kaum geborenes Kind, an denen sie jahrelang schufen, geschah es in einem Kloster oder Hospiz, immer wurden neue Versuche gemacht, der Ehrgeiz angespornt, Neues zu finden und sich auszuzeichnen. Die Damen, welche die Sachen trugen, oder verschenkten, die bei ihnen angefertigt wurden, beeinflußten und überwachten Geschmack, Schnitt, Muster, Wahl des Materiales. Die Mädchen aus dem Volke brachten Anregungen aus dem Berufsmilieu, dem sie entstammten. Das Fischermädchen, mit dem Netzen vertraut, machte feinen Grund, eine Zeichnung wurde in Stopfstich, »point de reprise« auf das Netz übertragen. So bleibt die Frage, ob die Niederlande mit dem feinsten Flachs, oder Italien mit seinem Ornamenten-Reichtum, die Wiege der Spitzenkunst war, unentschieden. Im allgemeinen behaupten die Autoren, daß man Venedig die Näh-, Belgien die Klöppelspitzen verdanke.

Jedenfalls waren die Venetianer Spitzen im XVI. Jahrhundert hoch berühmt und damals war Venedig in Mode und Luxus die tonangebende Stadt, wie später Paris.

Nebstdem kann man den Einfluß des nahen kirchlichen Rom nie hoch genug einwerten. Die Kirche war ja der Brennpunkt der gesamten abendländischen Künste und Handwerke. Und sie ist allem Neuen auf diesem Gebiete Pate gestanden, wie die Erzeugnisse oftmals ihr bestimmt wurden. Die Liturgie schreibt aber im Dienste des Altars bloß Wachs, Leinwand, Gold und Silber vor, also verhältnismäßig beschränktes Material. So mag das päpstliche Rom naturgemäß das Endziel abertausender Erzeugnisse fleißiger Frauenhände des Nordens gewesen sein, das Schönste und Beste, die Träume resignierter Menschenherzen wurden mit Geduld und heiligem Eifer in Spitzenkunstwerke umgesetzt. – Die mit Saumstickerei beschwerten Leinwandstreifen werden wohl die ersten Spitzen geschmückt und als Altardecke gedient haben. Später erst werden Bettwäsche, Tischzeug und Hemd ähnlichen Zierat erhalten haben. Alter, ebenso wie der geographische Ursprung, sind demnach schwer genau zu bestimmen. Man kann sich nur nach Bildern, Büchern und Rechnungen richten und diese sind nicht immer genaue Anhaltspunkte. Wer wollte wohl die Jahreszahl der Erfindung der Lokomotive nach dem Vorkommen auf Bildern bestimmen wollen?

Aber nichts ist so verwirrend, und das Interesse erlahmend für den Laien – wie die Spitzen nur nach Alter und Landschaft ordnen zu wollen; wissen wir doch aus anderen Kunstzweigen, wie sich Stil und Art verschleppt; wie Möbel in unseren Alpentälern oft um viele Jahrzehnte gegen verkehrsreichere Zentren sich verspäten und z. B. gotische Formen noch bis spät ins neunzehnte Jahrhundert, stets unbehindert von Tagesströmungen, wiederholt wurden und sich zu einer Art Volksstil umgestalteten.

Aus den Jahren 1527 und 1528 stammen die ersten Musterbücher für Nähspitzen; das erste erschien in Köln, das zweite war von dem Venetianer Antonio Tagliente herausgegeben. Dieser sagt selbst, er habe zum Teile schon vorhandene Muster von Meistern gesammelt, zum Teile neue Muster selbst erfunden und gezeichnet; es erscheint daher sehr begreiflich, daß der Auflage dieses Buches eine große Anzahl von Jahren vorausgegangen ist, in denen das Spitzen-Nähen und Klöppeln eine weite Verbreitung gefunden hatte, denn das Bedürfnis nach neuen Mustern ist ein Beweis, daß die alten eine schon zu allgemeine Verbreitung hatten und abgedroschen waren, und daß in Italien und im zivilisierten Europa damals schon das Spitzenerzeugen ein Industriezweig für viele Gegenden war, und nicht eine bloße Nebenbeschäftigung für die Mußestunden mancher Frauen bildete. Diese ersten Muster zeigen uns zum größten Teile geometrische Figuren, soweit sie für die Nähtechnik gedacht waren.

Punto tirato.

Punto tirato ist einer der ältesten und primitivsten Vorläufer der Nadelspitzen. Sie sind ganz aus einem groben aber schütteren Leinwandgrund herausgearbeitet. Geschnitten wurde nichts, die Ketten- und Schußfäden wurden in Gruppen und Bündel zusammengezogen und geschoben, mit Zwirn überwickelt und bildeten den Grund eines viereckigen Netzwerkes. Das Muster aber wurde in der Leinwand ausgespart. Naturgemäß erscheint die Zeichnung eckig und hart. Manchmal suchte man dies zu mildern, indem man die Kontur mit einem Leinen- oder Seidenfaden abrundete und allzu schroffe Ecken darunter verschwinden ließ. Das Muster war breit, Tierdarstellungen, wie Einhorn, Drache, Pelikan, Adler, Hirsche und Schlangen waren beliebt, auch Adam und Eva, plumpe Reiter und dergleichen kommen vor. Diese Arbeiten zeigen alle eine gewisse Schablonenhaftigkeit; sie sind meistens nicht breiter als zirka ein Meter (die Breite eines Handwebestuhles) und ein glatter Leinwandstreif schließt sie gegen unten ab; dieser häufig mit einer flachen weißen oder bunten Stickerei versehen. Die groben Klöppel- oder Nähspitzen, die manchmal diese punto tirato Arbeiten umgeben, sind immer erst später dazugefügt worden.

Diese Tücher, die in ihrer Naivität vielfach an die modernen skandinavischen Hausindustrieerzeugnisse erinnern, dienten hauptsächlich als Altardecken, Tischtücher und auch vielfach zur Zierde des Bettes, in dem diese Streifen unter der Matratze eingebettet wurden und mit ihrem verzierten Teile über den Rand des Bettes heraushingen. Ferner wurden sie noch zu Bett- und Fenstervorhängen und Handtüchern verwendet; für Leibwäsche oder Kleiderschmuck eigneten sie sich nicht.

Große Ähnlichkeit im Dessin mit dem punto tirato haben die Filetarbeiten, doch sind die letzteren in Geschmack und Ausführung weit verfeinerter. Ihre Technik ist nicht mehr so primitiv und erlaubt ihnen eine genauere und schönere Interpretation der Zeichnung. Die Gestalten, oftmals apokalyptische Tiere, Drachen, Phantasievögel, sind harmonischer und besser in den Proportionen und erscheinen daher nicht so plump. Zuerst wurde ein feines Netz gearbeitet und auf dieses wurde die Zeichnung in einer Art Webe- oder Stopfstich übertragen.

Nach den Ornamenten zu urteilen, wurden diese Tücher meistens für den Altardienst oder eine sonstige kirchliche Verwendung gemacht. Aber auch Bettvorhänge und Tischtücher wurden damit geziert. Es war eine sehr dauerhafte Handarbeit und man findet sie häufig in privaten und öffentlichen Sammlungen. Sie wurde auch farbig ausgeführt. Diese Art von Arbeiten müssen für die gute Wirkung verhältnismäßig wenig Mühe gemacht haben. Sie wurden in neuester Zeit wieder als Dilettantenbeschäftigung nachgemacht und haben als Fensterstores und dergleichen hübsche Verwendung.

Eines ist noch zu erwähnen. In den Filetarbeiten wird zum ersten Mal der Knopflochstich in Anwendung gebracht, auf dem später die ganze Nähspitzentechnik sich aufbaute.

Punto tagliato.

Mit diesen zwei erwähnten Arbeitsgattungen, dem punto tirato und dem punto ricamato hört für lange Zeit das phantastische Tierornament auf. Die unentwickelte Anfangstechnik des punto tagliato erlaubte dergleichen nicht, sie war, obwohl in der Ausführung edler und mühevoller, doch in der Wahl der Muster beschränkter, und mußte sich mit der Ausführung von geometrischen Figuren begnügen. Es wurden Quadrate, Rhomben und dergleichen aus der Leinwand ausgeschnitten, teilweise ließ man auch in denselben Webefäden stehen und benutzte sie als Basis für das Ornament; doch alle Fäden, sei es nun neu gespannte oder die der Grundleinwand wurden mit Nadelarbeit überzogen, und zwar kamen nur dreierlei Stiche in Anwendung. Zuerst wurde der Rand der ausgeschnittenen Stelle mit Knopflochstich befestigt, dann wurden die Stäbchen, welche vier bis sechs Fäden gebildet hatten, mit einer Art Webestichen überflochten; dünnere Stäbchen aus bloß ein oder zwei Grundfäden wurden einfach überwickelt und endlich noch konnten diese vertikal, horizontal und diagonal laufenden Stäbchen als Speichen zu einer Art Räderwerk dienen, und dieses war wieder aus Knopflochstich gebildet. Auch picots kamen schon zur Anwendung. Die Stellen der Leinwand, welche ausgespart geblieben waren, wurden nun mit einer flachen, oft grünen, braunen, gelben oder roten Stickerei ausgefüllt, und zwar lief der Stich derselben immer parallel zum Webefaden.

So primitiv diese Art Arbeiten anfangs sind, – sie ließen dem Ornament viel weniger freie Entwicklung, wie die zwei früher besprochenen Arbeiten, – so bilden sie doch die letzte Vorstufe zu den eigentlichen Näh-Spitzen. Mit der Zeit wurde immer mehr Leinwand weggeschnitten und selbständige Fäden gezogen, um das Gerüst für die stets komplizierter werdenden Ornamente zu bilden; endlich begnügte man sich nicht mehr mit den Stäbchen und Festons, man füllte freie Stellen mit dicht aneinander gedrängten Knopflochstichen aus, entwarf die Zeichnung gleich auf Pergament, und so entstand der punto in aria, die ersten selbständigen Venetianerspitzen. So lange diese Spitzen aus geometrischen Figuren gebildet sind, nennt man sie Reticella, oder auch Greek lace, dentelles greques und zwar wurde ihnen dieser Name deshalb beigelegt, weil zur Zeit des griechischen Befreiungskrieges die englische Besatzung der ionischen Inseln diese Art Hausindustrie sehr häufig bei der Bevölkerung derselben fand, und man in dem damaligen allgemeinen Griechenenthusiasmus darin Spuren klassischer Kultur zu finden glaubte und ganz vergaß, daß diese Inseln, wie Dalmatien, noch kurz vorher unter der Oberhoheit der venezianischen Republik gestanden hatten und daß diese Spitzen alte italienische Kulturtradition waren, und im Gegensatze zu den Erzeugnissen des Mutterlandes in ihrer Entwicklung über ein Jahrhundert lang stehen geblieben waren, während in der Lagunenstadt die Venetianerspitzen immer herrlicher aus ihren primitiven Anfängen herausreiften und ihren Siegeslauf über die Welt antraten.

Die Venetianer Nadelspitzen entwickelten sich aber in verschiedenen Gattungen: es sind Reticella, gros point de Venise oder Venetianer Reliefspitzen, in Rosaline, in flache Venetianerspitzen, Coraline und in point de Venise à réseau und in Burano. Alle diese Spitzen haben keinen réseau mit Ausnahme der Burano und point de Venise à réseau. Gleich nachdem die freien Nadelspitzen, die Reticella, aufkamen, wurden sie für die Mode der Krause benutzt; mit schmalen punto in aere besetzte man die Ränder derselben, dann kam die Mode der sogenannten Stuartkragen, für welche etwas breitere Spitzen verwendet wurden. Alle Porträts aus der Zeit zeigen uns Männer und Frauen mit Rüschen, Krausen und Stehkragen, es war eine Zeit, wo man besonders im Nordwesten von Europa sehr viel Schwarz trug und die weißen Spitzen waren das einzig helle und kostbare an der Kleidung; es war die Zeit der Religionskriege, der Einkehr in sich selbst und vielfach des Ernstes und der Heuchelei. Dann kamen die Umlegkragen auf; man sagt Ludwig XIV. hätte als Jüngling so schöne blonde Locken gehabt, daß er die Mode der unbequemen Halskrausen deshalb abschaffte, und nun begann die Herrschaft der Allonge-Perücken, Umlegkragen und Kravatten und große Farbenfreudigkeit drang von dem Süden über Frankreich nach dem Norden. Es ist die Zeit, in welcher die Venetianerspitzen höchste Mode waren. Es gibt wohl keine bessere Bezeichnung für diese, als das Wort pompös. Große schwere Barockzeichnungen, die es meistens verschmähen, sich auf ein und derselben Garnitur zu wiederholen, sind ihnen eigen; erhabene, oftmals auch ganz plastische Blumen erhöhen ihre Wirkung. Es sind stolze, kostbare Spitzen, etwas steif, etwas parvenuehaft paßten sie vorzüglich auch als Schmuck für jene prachtliebenden, herrschsüchtigen Menschen der Nachrenaissance, jener Zeit der raffiniertesten Kultur neben großer Barbarei, und hohen Kunstsinnes neben der Vorliebe für abgeschmackte, öde Poesie. Andere Spitzen sind auch mühsam und kostspielig, aber sie schreien es nicht so laut in die Welt hinaus. Jeder Stich erzählt von den Mühen und dem Golde, das sie kosteten.

Wenn man sich aber den Hintergrund zu diesen prächtigen Spitzen denkt, schwere Samte und Brokate, in satten, leuchtenden Farben, nicht zart und verschwommen, alles kostbar und gediegen, so kann man nur bewundern, wie gut diese Art Spitzen als Krönung zu dem üppigen Geschmacke paßt, wie großartig ihre entschiedenen Linien und ihr selbstbewußtes Aussehen wirken.

Diese Venetianer Reliefspitzen werden immer in Leinwandfäden[1] ausgeführt; ein Cordonet, aus mehreren Fäden oder manchmal sogar aus Roßhaarunterlage gebildet, wird mit dichten Knopflochstich um die vorher vollendeten Mats und jours genäht. Das Eigentümliche an dieser Gattung ist zunächst ihr Relief, ferner die zahlreichen picots, die das Cordonet zieren, endlich daß fast gar keine brides in Anwendung kommen. Die Mats oder pleins sind jene Teile in der Zeichnung, welche am meisten der Leinwand gleichen. Sie werden aus ganz dicht aneinandergereihten Maschen gebildet. Die jours werden aus mannigfachen Zusammenstellungen der Maschen, aber stets lockerer und durchsichtiger gebildet; es gibt deren eine große Auswahl, und um sie zu arbeiten werden die besten und geübtesten Arbeiterinnen verwendet. Die Kelche der Blumen und alle jene Teile des Ornamentes, die sich durch große Leichtigkeit auszeichnen sollen, werden als jours behandelt, außerdem werden oft noch ganz freiliegende Blätter aufgesetzt[2], welche die plastische Wirkung sehr steigern und einen hübschen Kontrast zwischen Licht und Schatten erzeugen; unwillkürlich wird man beim Anblicke dieser Meisterwerke an Stuckornamente erinnert. Überdies gibt es wirklich ein interessantes, offenbar vereinzelt dastehendes Beispiel für die Wechselwirkung der Nadelspitzen zu dem Stukko: In der Provinz Ferrara, in der Kirche von Carpi, sind die Predellen aller Altäre mit Stukkoverzierungen geschmückt, die zum Verwechseln treu die venezianischen Reliefspitzen nachahmen.

Gewiß ist dies schon eine dekadente Kunsterscheinung, aber es wäre dennoch interessant zu erfahren, wieso bloß in Ferrera dergleichen gemacht wurde, und zwar mit hübscher Wirkung.

Die gros point de Venise haben sich im Laufe der Jahre fast nicht geändert; vor 250 Jahren waren die Dessins und die technische Ausführung nicht anders, und man bleibt heute noch meistens dem hergebrachten historischen Stile treu, es werden Berthe, Volants, Kragen, Manschetten etc. gemacht.

Da die Herstellung unendlich mühsam ist, große Geschicklichkeit, genaues, reines Arbeiten und Geschmack von den Ausführenden verlangt, ist und war sie stets eine der teuersten Spitzen.

Nicht umsonst war sie zu so großer Berühmtheit gelangt, man versucht sie daher auch in einfacher Ausführung zu imitieren oder wenigstens ihre Wirkung im großen und ganzen zu erreichen; so steht die dem Kontinente wenig bekannte irische Technik der Carrikmaccroß unter dem Einflusse der Reliefspitzen. Hier wird die Zeichnung in Battist ausgeschnitten und mit einem groben Cordonet umsäumt oder manchmal noch auf Tüll applikiert.

Auch die irischen Häkelspitzen streben wohl den Effekten der Venezianerspitzen nach.

Obwohl die Fachwissenschaft im allgemeinen der Ansicht zuneigt, daß der point de rose, – Rosaline – späteren Datums als die Reliefspitzen ist, mag doch das Gegenteil plausibler scheinen. Der Stil der Zeichnung ist weniger barock und edler, zierlicher und recht verschieden von den Reliefspitzen; meistens ist es ein dichtes, ineinander verschlungenes Astwerk, welches nur hie und da von einer kleinen jour-Blume belebt wird, die schwach – en relief – gearbeitet ist; das Ganze ist viel präziser und eleganter, und obwohl bescheidener in der Wirkung, noch kostbarer wie die Reliefspitzen. Die krause Verworrenheit der Zeichnung zeigt weniger Wucht und Majestät aber mehr Lieblichkeit. Die zahllosen meist unregelmäßigen, nur manchmal rautenförmig angeordneten brides richtig und geschmackvoll zu verteilen erfordert von der Arbeiterin mehr als manuelle Geschicklichkeit, sie erheischt persönlichen Geschmack und künstlerischen Takt. Die point de rose verdienen ihren Namen in mehrerlei Beziehung. Die eigentümlichen brides picotées,[3] die so charakteristisch für die Rosaline sind, haben die Form von Rosetten. Endlich haben die Rosalines häufig, aber nicht immer, ganz kleine Relief-Röschen, die ziemlich naturgetreu geformt sind. Jedenfalls sind die brides campanées das wesentlichste Kennzeichen der point de rose, welche übrigens wegen deren Ähnlichkeit mit den Schneekristallen auch oftmals point de neige genannt wurde.

Eine Schwäche der Rosalines ist, daß sie stets als Volants gearbeitet werden und zwar in oben und unten ganz geraden, einförmigen Linien abgeschlossen sind; das pied oder engrelure wird nach dem Abschluß als ganz besonders und meistens feiner gearbeitete picots picotées gearbeitet und steht nicht in genügendem stilistischen Zusammenhang mit dem eigentlichen Spitzenstreifen.

Rosaline und Reliefspitzen wurden reichlich an Paramenten verwendet, Chorröcke, Altardecken, Kelchdecken, wurden mit ihnen besetzt. Aber auch in der weltlichen Kleidung für Frauen wie Männer fanden sie, so weit ihre Kostbarkeit nicht in Betracht kam, uneingeschränkte Verwertung.

Die flachen venezianischen Spitzen – point plat de Venise erinnern stark an Klöppelspitzen. Sie sind, wie ihr Name sagt, stets ganz flach, und entbehren sogar das Relief durch das Cordonet. Eine durchgedachte und wohldurchgeführte Zeichnung mit vielen und reichen jours läßt mehr wie mechanisches Können durchblicken, hübsche zahlreiche brides picotées, die zierlichen dreiteiligen Rosetten wie Eisnadeln, erinnern an den point de rose; es sind verhältnismäßig lange Stäbchen, an denen wie zarte Kristalle eine Anzahl anmutiger picots angereiht sind, aber immer in Gruppen. Diese brides und ihre Zeichnung, die in crescendo und diminuendo auf- und abschwillt, unterscheidet sich von der Coraline oder den sogenannten eigentlichen Venetianerspitzen. Diese erinnern, wenn auch an eine andere Gattung, ebenfalls an Klöppelspitzen und zwar an die Bändelspitzen und sie bilden das Pendant in Nadelausführung zu den sogenannten Kirchenspitzen. Die Zeichnung hat wenig Bedeutung, sie ist wirr und verschlungen; in ziemlich gleich breiten Streifen windet und schlängelt sie sich gedankenlos dahin, wenige oder gar keine jours tragen dazu bei, ihr ein ziemlich monotones und nicht so kostbares Gepräge wie bei obengenannten Spitzen zu geben. Ihr Reiz besteht hauptsächlich in ihren brides picotées,[4] die eine nicht geschlossene sechseckige Masche bilden und die picots stehen einzeln und gleichmäßig verteilt auf den brides. Diese maschenartigen brides bilden den Übergang zu den eigentlichen Reseauspitzen, sie sind schon in Reihen parallel zu den pieds ausgeführt. Kunstlos halten sie sich mehr an die Natur und an ihren Namen Coraline knüpft sich die Erzählung, daß sie zuerst von einem verliebten Fischermädchen einem von ihrem Geliebten geschenkten Korallenzweige nachgeahmt wurden.

Tatsächlich haben diese Coraline etwas venetianisch Volkstümliches, sie sind und bleiben wie reizende Naturkinder stets mit ihrer Heimat eng verwachsen und wurden niemals außer im Venetianischen gemacht, während ihre kunstvollen Schwestern, überall, wo je Spitzen erzeugt wurden, gleich schön oder schöner nachgeahmt wurden, hauptsächlich in Belgien und in Frankreich.

Als nun in Venedig durch Colberts Schöpfung – (der französischen Spitzen-Industrie) – die Hauptausfuhr nach Frankreich versiegte und dieses überhaupt die Führung in Modefragen übernahm, trat eine zeitweilige Stagnation in der Pointserzeugung ein, doch die Not lehrte die Venetianer und wie ehemals die Franzosen bei ihnen in die Lehre gegangen waren, so trachteten sie jetzt von ihren Konkurrenten zu lernen und die wichtigsten Neuerungen, insbesondere die Verwertung des Reseaus für die Regeneration ihrer Spitzen zu verwenden. Bald nationalisierten sich diese Alençon-Imitationen wieder, es entstand der sogenannte point plat de Venise à réseau. Es waren ganz flach genähte Spitzen, von gar keinem Cordonet umsäumt und hatten einen ähnlichen Maschengrund, wie der Reseau des point d'Alençon, nur war er stets unregelmäßig und die Maschen fielen nicht in eine Linie, näherten sich mehr dem Viereck und waren verschwommen, doch fiel dies nicht so sehr auf, da der Grund nicht stark in Betracht kam; das Dessin war so groß und breit angelegt, daß nur in kleinen Zwischenräumen verhältnismäßig wenig Platz für den fond blieb; sie haben mit Sedanspitzen viel Ähnlichkeit. Es sind ausgesprochene Rokokkozeichnungen aus Lilien, Muscheln, Blüten und Knospen mit ungraziösen Schnörkeln, die den sogenannten Jesuitenstil an sich tragen.

Die ganzen Arbeiten machen einen flachen, fast geklöppelten Eindruck; das Cordonet, wenn man einen bloß etwas stärkeren Faden so nennen kann, ist ganz platt an der Fläche gearbeitet und ist mit unendlich feinen picots gegen den réseau getrennt. Die sehr feinen Maschen laufen horizontal zum Rand und der Faden ist äußerst fein und das Ornament wird schon so schablonenhaft angewendet, daß man bei einzelnen Formen den natürlichen Ursprung kaum mehr entdecken kann. Ein großer Reichtum an jours zeichnet sie aus, die alle zu beschreiben nicht möglich ist; häufig kehrt ein einziges Ornament wieder.

Es ist überhaupt bemerkenswert, daß ein großes Abwechseln an jours meistens mit einer gewissen Korruptheit des Stils Hand in Hand geht, ein Überladen mit Details, welches in allen Kunstgattungen zu verfolgen ist, und die Armut an Gedanken verbergen soll.

Diese flachen Venetianerspitzen mit réseau wurden von der zweiten Hälfte des XVIII. Jahrhunderts bis zum Ende der venetianischen Republik in Venedig hauptsächlich auf den Laguneninseln gemacht. Die politischen Verhältnisse, die immer zunehmende Verarmung und der Verfall in der Lagunenstadt bewirkten, daß die Spitzenindustrie, ein wesentlich von Luxus und Eleganz lebendes Gewerbe, ganz zugrunde ging. Über Europa brausten die Stürme der französischen Revolution überall merkbar nach. Ein demokratischer Geist fegte viele Gebräuche, Mißbräuche und Reichtum weg, doch auch viel guter Geschmack und reizende Gewohnheiten verschwanden damit für immerwährende Zeiten. Auf der Insel Burano fristeten eine Gattung Spitzen kümmerlich ihr Dasein weiter, die armen Fischerfrauen machten unscheinbare Spitzen, die ihre Abkunft von den point d'Alençon nicht verleugnen konnten, aber in Stil und Ausführung degeneriert waren und aus groben, ungleichmäßigen Fäden gemacht waren. Im Jahre 1864 schrieb Madame Bury-Paliser: »Die Venetianer Spitzen existieren nicht mehr.« Und doch, acht Jahre später wurde dieses verlöschende Flämmchen zu neuem Leuchten entfacht. Es wurde auch mühsam und kunstvoll ins Leben gerufen, durch Mitleid und Wohltat. Im Jahre 1872 brach ein ganz außerordentlich strenger Winter über Oberitalien herein. Die Lagunen waren zugefroren und die Fischer konnten wochenlang nicht ihrem Berufe nachgehen. Die Not war eine unbeschreibliche und rief die öffentliche Teilnahme wach.

Eine Sammlung wurde zum Teil für die ersten Bedürfnisse der Armen verwendet, der Rest wurde in weiser Vorsorge für die Gründung einer Hausindustrie gespart. Man sagt, es hätte damals ein uraltes Mütterchen gelebt, die als einzige den Venetianerspitzenstich noch machen konnte, Ceccia Scarporiolo; sie, halb blind und gelähmt, unterwies die Fischermädchen und lehrte ihnen, was sie wußte, ein Damenkomitee, an dessen Spitze die Gräfin Adriano Mercello stand, setzte sich mit ganzer Kraft für dieses Unternehmen ein. Ganz Italien, an seiner Spitze die Königin Margherita, interessierte sich für diese Neuschöpfung in Burano, und bald konnten die ersten, seit langer Zeit wieder in Venedig verfertigten Venetianerspitzen, verkauft werden. Seither ist die Spitzenerzeugung in Venedig wieder eine blühende Einnahmsquelle geworden. Burano blieb unter dem Patronat des Komitees, die Familie Marcello wurde zu einer Art Spitzen-Dynastie und die Buranospitzen sind die besten und schönst gearbeiteten von Venedig, sie gehörten nicht, wie leider die meiste Marktware Venedigs, in die Rubrik Andenken-Verkaufs-Erzeugnisse, die harm- und gedankenlose Hochzeitsreisende, nicht zur Ehre Venedigs, nach Hause bringen.

In Burano werden jetzt wieder alle Gattungen der früheren Venetianerspitzen gepflegt, meistens sind es Spitzen ohne réseau, nur mit einen Grund von brides, häufig in gelblicher Farbe, mit Ausnahme der points de Burano. Diese sind aber noch immer den Alençon-Spitzen ähnlich, die Muster bleiben dem Stil der drei Louis Frankreichs treu; der réseau hat fast viereckige Maschen.

Der réseau der Burano sieht jedoch niemals den anderen fonds ähnlich, es macht immer einen eigentümlichen flockigen, verwaschenen und verzogenen Eindruck, was zum Teile von dem unregelmäßigen Faden herrühren mag. Das Cordonet der Burano ist nur niedergenäht und niemals, wie bei den Alençon mit dem schönen gleichmäßig dichten Knopflochstich überschlungen.

Die Venetianerspitzen gehören historisch Venedig an, aber sie werden überall, wo die edlen Kunstspitzen gemacht werden, mit Erfolg erzeugt, sei es nun in Frankreich, Belgien oder Österreich; Belgien pflegt sehr diese Gattung Spitzen und hat wahrscheinlich einen größeren Umsatz darin, als Italien; man sagt, daß viele, und zwar die beste Ware nach Italien besonders an die Riviera von Belgien geliefert wird, aber auch in Venedig werden belgische Venetianerspitzen verkauft.

Point d'Alençon.

Von 1560 bis ungefähr zur Hälfte des XVII. Jahrhunderts exportierten die Venetianer eine ungeheuere Menge Nadelspitzen, sie deckten den ganzen Bedarf Europas, denn nirgends wurden ihre Spitzen so gut nachgeahmt, daß man ihnen nennenswerte Konkurrenz machen konnte.

Die verschiedenen Regenten erließen zahlreiche Erlässe gegen den übertriebenen Luxus, hohe Schutzzölle, strenge Verbote nützen und frommen nicht gegen die Macht der herrschenden Mode. Frankreich stand an der Spitze der importierenden Länder. Für viele Millionen Francs wurden alljährlich Spitzen aus Venedig eingeführt und die Nachfrage steigerte sich noch zusehends unter Louis XIV. Der »roi soleil«liebte in seiner Jugend üppigen Luxus und Glanz, er selbst beeinflußte die Moden und sprach allen Verordnungen seiner Minister Hohn, indem er für sich und seinen Hof den größten Aufwand an Spitzen aller Gattungen trieb, insbesondere aber die Venetianer bevorzugte. Es gab damals kaum ein Kleidungsstück, das nicht aus Spitzen gemacht oder mit Spitzen verziert wurde, breite Umlegkragen, jabots, manschetten, kanons, das sind Spitzenvolants, die aus den Stulpstiefeln hervorsahen, Rosetten an den Schuhen, an den jarretieren, Barben, Hauben, Schürzen, Bett- und Tischzeug, kurz alles war mit Spitzen versehen. In den Feldzügen, im Lager, über Harnischen, im Boudoir, in Kirchen und Klöstern, überall waren Spitzen zu sehen. Wenn man nun bedenkt, daß Frankreich verhältnismäßig wenig Spitzen im Lande produzierte, so begreift man, welch ein wirtschaftlicher Aderlaß dies für Frankreich war, und wie Flandern und Venedig dabei gewannen. Von der Macht der Mode kann man sich einen Begriff machen, wenn man die strengen Gesetze der damaligen Zeiten betrachtet; mit Schmugglern machte man nicht viel Federlesens, man knüpfte sie an den nächsten Baum oder schoß sie nieder, und trotzdem, da der Gewinn verlockend genug war, wurden die Schmuggler nur schlauer und erfindungsreicher, und Ballen von Spitzen fanden ihren Weg über die französische Grenze.

Wenn es kaum eine Kunst oder ein Kunsthandwerk, das durch Jahrhunderte so anonym geblieben ist, wie das der Spitzen gibt, denn überall anders treten uns Namen entgegen, so tritt ausnahmsweise der Name und die Gestalt Colberts hervor, ein Genie, das seinerzeit im Anfassen der nationalen Wirtschaftspolitik um Jahrzehnte vorauseilte, der nicht nur Altes unterstützte, sondern Neues schuf, der das so wichtige Prinzip erkannte, daß ein Luxus, so lange das Geld im Lande bleibt, und nichts vom Auslande importiert wird, nationalökonomisch nicht schädlich ist, da selbst sinnlose Ausgaben der Reichen das Geld ins Rollen bringen, Industrieen schaffen, die für den Export Bedeutung erlangen können, und das Volk zu großer Regsamkeit anspornen.

Colbert war mit einem Wort der erste moderne Finanz- und Handelsminister, er war der erste, der mit den nationalen Gütern nicht Raubbau trieb, er wollte nicht nur ernten, sondern säte auch in der Gegenwart für die Zukunft. Ihm hat Frankreich den ersten Impuls für die allen Stürmen trotzende Entwicklung der Industrie zu danken, er gründete oder förderte Manufakturen, wie die Gobelinweberei, Sèvresporzellanerzeugung, er ließ die so kostbaren und damals bloß in Venedig erzeugten Venetianerspiegel in Frankreich erfolgreich nachahmen, und endlich gründete er die Spitzenindustrie.

Colbert erkannte gleich, daß auf dem Wege der Verbote die Verhältnisse nicht zu sanieren waren. Mit der Mode mußte gerechnet werden, blieb nur das Geld im Lande, und es war das Beste die Passion für die eigene Heimat auszunutzen. Colbert faßte seine Sache erfolgreich an. In Frankreich hatte man bis dahin Nadelspitzen kaum fabriziert, doch war die Anfertigung des über alle Länder populären point coupé auch dort eingebürgert; hie und da hatte wohl auch die eine oder andere Spitzen-Matrone auf eigne Faust Venetianerspitzen aber minderwertig imitiert. Er suchte sich nun zur Pflanzstätte seiner Ideen jenen Bezirk Frankreichs aus, der eine relativ gut geschulte weibliche Bevölkerung besaß, und das war Alençon, mit Nachbarschaft, wie Aurillac, Argentan etc.

Die Gründung der Alençon-Spitzenindustrie ist deshalb eine sehr bemerkenswerte, weil sie eine vollkommen bureaukratische ist, sie wurde vom Schreibtisch aus diktiert, und mit Erfolg ins Leben gerufen. Im allgemeinen war und ist die Spitzenerzeugung stets eine volkstümliche gewesen, die nur hie und da in den Klöstern Förderung fand, von den Regierungen früher häufig eher gehemmt als unterstützt wurde. Colbert war der erste, der nationalökonomisch und administrativ wohl durchdachte Gründungen durch Ausbildung von schon existierenden Industrieen durchführte, obwohl er speziell von seiten der Bevölkerung in Alençon anfangs wenig freundliches Entgegenkommen fand. Vor dem Gründungsjahr 1665 hatte eine Mme. Perrière in Alençon venetianische Spitzen für eigene Rechnung nachgeahmt. Mit ihr und einigen anderen gründete Colbert die »Manufacture du point de France« wie von nun an alle französischen Spitzen hießen. Die Behauptung, welche die meisten Autoren der Mme. Paliser nachsprechen, daß die erste Manufaktur in Château de Lonrey bei Alençon etabliert war, ist nicht haltbar.

Zwei sehr ernste Autoren, wie Duval und Despierres widersprechen dieser Annahme und druckten in ihren Werken alte Dokumente als glaubwürdige Beweise ab; abgesehen von diesen Schriften spricht auch noch ein sehr einfacher Gedankengang gegen diese Behauptung. Im Jahre 1665 war die Feudalherrschaft noch in Blüte. Der Adel war noch nicht verarmt, wie später nach der Revolution. Damals, in Reichtum und Ansehen ungebeugt, bewohnten und benutzten die Adeligen ihre Schlösser noch selbst; hatten sie mehrere, so kamen dieselben wohl manches Mal noch zu Lebzeiten des Besitzers in Benutzung einer jüngeren Linie oder einer bevorzugten Maitresse. Ein bußfertiger Bruder oder eine alte Sünderin übertrug oder verschrieb ihre Herrschaft zur Rettung ihrer Seele der Kirche oder einem Kloster, seltener schon wurden Schlösser oder Burgen in Spitäler verwandelt. Doch der Gedanke, ein Schloß in eine Fabrik oder gar in eine Kaserne umzuwandeln, widerspricht ganz und gar dem aristokratischen Geiste jener selbstherrlichen Zeit. Dies blieb der Neuzeit vorbehalten, und leider oft zum Schaden der Ästhetik.

Die Gründung der Gesellschaft der points de France verteilte sich auf verschiedene Bezirke, wie Reims, Sedan, Aurillac und Argentan; und was nun von Alençon, dem wichtigsten, erzählt wird, gilt mehr oder minder von den anderen auch. Es wurden Gebäude für diesen Zweck eingeräumt und ausgestattet und man ließ Venetianerinnen und Flämländerinnen kommen und Frauen aus Alençon wurden angeworben, die genügende Schulung hatten.

Mit diesem kleinen Stabe hoffte Colbert in kurzer Zeit 8000 Arbeiterinnen heranbilden zu können. Darin wurden aber seine Erwartungen getäuscht, denn, so lange die Fabrik als solche unter der zehnjährigen Staatspatronanz stand, brachte man es auf nicht mehr wie 700 Arbeiterinnen, die Bevölkerung, die sich in ihrem Erwerbe bedroht sah, bot Widerstand, es kam häufig zu Ausschreitungen. Es wurde mit den neuen Mustern, die auch Monopol waren, Mißbrauch getrieben, was zwar strenge gestraft wurde aber Hetzereien und Wühlereien zur Tagesordnung machte. Trotzdem hatte die Manufaktur einen großen Erfolg. Louis XIV. erklärte den point de France zur offiziellen Hof-Etiquette, er trug ihn selbst und alles beeilte sich, ihn nachzuahmen.

Diese Fabrik muß man sich als ein Mittelding zwischen einer Fachschule und einer Aktiengesellschaft denken. Nachdem die ersten zehn Jahre verflossen waren, verwandelte sie sich in mehrere Privatunternehmen. Sie hatte aber ungemein befruchtend auf die allgemeine Spitzenindustrie gewirkt, obwohl man sich in den ersten fünfundzwanzig Jahren darauf beschränkte, die Venetianerspitzen möglichst getreu zu kopieren. Es war jene Gattung mit den brides picotées und war vielleicht nur im Relief etwas flacher gehalten. Doch der französische Geschmack kam bald zur Geltung, die Ausführung wurde zierlicher als die italienische und die Zeichnung wurde nach dem tonangebenden Geschmacke modifiziert. Wie aus den Venetianerspitzen derselben Zeit kann man an den Alençon bemerken, daß die brides wabenartig angeordnet waren, welche einen regelmäßigen réseau ahnen ließen. Im Anfange des XVIII. Jahrhunderts wurde der Versuch gemacht, den Klöppel-Reseau mit der Nadel nachzubilden. Es war auch die

Konkurrenz, die das herbeiführte, denn die belgischen Spitzen wurden damals am Hofe viel getragen und drohten die points zu verdrängen. Die flämischen Mädchen werden offenbar die Anleitung dazu gegeben haben. In die Jahre zwischen 1700 und 1717 fallen die wichtigen Neuerungen, die den points d'Alençon ihr heutiges Ansehen gaben und sie von den venetianischen Spitzen so wesentlich unterscheiden, so daß sie von nun an eine ganz selbständige Gattung wurden. Es sind dies: der eigentliche, feine réseau, der dem Ansehen nach ähnlich wie der der Brüsseler Klöppel-Spitzen (point d'Angleterre) war; der Anfang des réseaus der Klöppelspitzen war sechseckig und ist später ein mehr längliches Viereck geworden und wird häufig réseau d'Alençon genannt. Dann wurde gleichzeitig die sogenannte maille bouclée und die bride tordue oder maille tordue gemacht, beides regelmäßige sechseckige Maschen, die nur größer und stärker wie der réseau sind. Die bride bouclée à picots, die von den Venetianern entlehnt war, nahm um diese Zeit ab. Die bride bouclée wird häufig den Argentans als Spezialität zugeschrieben; jede ihrer sechs Seiten wurde acht bis fünfzehn Mal mit Knopflochstich überzogen, wodurch sich natürlich dieser Grund durch große Dauerhaftigkeit auszeichnete und nebstbei in originellen Kontrast mit dem[5] feinen eigentlichen réseau trat, der häufig als zweiter Streifen den Rand der Spitzen zierte. Durch die Benützung des réseaus wurden auch Zeichnung und Technik der Alençons bedeutend geändert. Von nun an wurden die points d'Alençons nicht mehr in Einem gearbeitet, sondern in kleinen Teilen von verschiedenen Arbeiterinnen, so wie die Brüsseler Spitzen. Jede Arbeiterin war in ihrer Spezialität eingearbeitet, und ein Stück Spitzen ging durch zwölf bis sechzehn verschiedene Hände, bis es fertig war. Diese getrennte Arbeit war in Venedig nicht in Gebrauch gewesen, und ist eine französische Neuerung, die man von den belgischen Klöpplerinnen gelernt hatte. Bei alten Spitzen begnügte man sich mit der Ausführung von fleurs, welche aus entoilage oder remplis gebildet waren; eine brode umgab sie und die brides füllten den Grund. Nun aber werden die Spitzen häufig in zweierlei Streifen gemacht, Medaillons als »rivière« angeordnet, schlängelten sich durch die Spitzen. Diese Medaillons wurden nun mit zahllosen verschiedenen Stichen ausgefüllt, die man modes nannte und die das rempli ersetzten, das jetzt zu große Ähnlichkeit mit dem feinen réseau hatte. Eine Eigentümlichkeit der Nomenklatur des point de France oder d'Alençon ist, daß er ganz andere Namen für die verschiedenen Teile hat, wie sonst gebräuchlich.

Motivs, fond, entoilage, fleur war die Bezeichnung für die Blume, champs für den Grund, ob aus brides oder réseau, brode heißt das Cordonet, das die Zeichnung umgibt, modes, fenêtres oder portes heißen die jours und so weiter.

Points d'Alençon sind noch insoferne interessant, weil man an ihnen wie an keiner anderen Spitzenart den jeweilig herrschenden Stil in der Zeichnung verfolgen kann.

Die ältesten vor 1660, volkstümlich »velins« nach dem Pergament, auf dem sie gearbeitet wurden, genannt, unterscheiden sich nicht von den allerorts gemachten points coupés, Reticellas oder primitiven Venetianern. 1660 bis 1700 verlegte man sich auf die getreue Kopie der kostbaren Venetianer Reliefspitzen und anderer, edler Gattungen.

Kleine Dessinänderungen wurden dann später wohl auch versucht, aber erst von 1700 erhalten die points d'Alençon ihr gewohntes Aussehen.

Von 1717 bis 1754 (Louis XV.) füllten die Blumen der Zeichnung bei schmäleren Volants noch die ganze Breite der Spitzen aus. Der Schwerpunkt der modes ist gegen den Rand gedrängt. Der Grund ist in einer der drei Gattungen brides, oder in réseau ausgeführt. Unter Louis XVI. kommt die sehr charakteristische Façons in Streifen und zweierlei champs auf, auch wird später le réseau mouche gemacht, der dann in der Folge wieder aufgenommen wurde.

Oben Gesagtes gilt von den kleineren Volants und den Berthen; betrachtet man jedoch ein größeres Stück wie die damals modernern tabliers und sehr breiten Volants, so kann man nicht genug über den Reichtum und die Üppigkeit der jours und modes staunen, eine solche wohlgeordnete Fülle von Details drängt sich. Und die ganze, große Zeit einer vollkommen höfischen Kunstrichtung, die, man möchte sagen aus der Initiative einzelner Personen entstand und mit diesen verging, zieht an Einem vorbei, Versailles und Petit Trianon unter den drei Louis mit diesen lebt und stirbt der point d'Alençon, Füllhörner, Blumen, Fruttiguirlanden, Rosen und Schmetterlinge, schnäbelnde Vögel, Blumenvasen, Baßgeigen, Mandolinen, Wappen und Menschen, ja oft Medaillonporträts von den Regenten, dies alles wurde häufig unsymmetrisch und doch fein stilisiert angeordnet.

Sehr bemerkenswert ist die stetige Konkurrenz der verschiedenen Spitzengattungen untereinander; sie entlehnen die künstlerischen Wirkungen und ahmen sich nach, bald war point de France, bald wieder die flachen Klöppelspitzen der point d'Angleterre, oder die Malines Königinnen der Mode. Im Wettbewerb trachteten sie sich an Schönheit, Ähnlichkeit und dann Verschiedenheit und Neues bieten zu übertrumpfen. Um 1700 findet man an den »modes« der Alençon häufig einen point angewendet, den réseau rosacé, der, in Nadelstich transponiert, den ursprünglichen point de neige der Malines wiedergibt. Diesen point de neiges oder oeil de perdrix findet man durch das ganze XVIII. Jahrhundert an Brüsseler Spitzen (point d'Angleterre), Valenciennes, Malines, point Alençon und Argentan immer wieder in verschiedenen Ausführungen und Variationen, und es war der kostbarste Grund.

Einen großen Niedergang in der französischen Spitzenindustrie schuf der Widerruf des Edikts von Nantes im Jahre 1685. – Unzählige protestantische Familien verließen ihre Heimat und trugen ihre Fähigkeiten in fremde Länder – und gründeten durch ihre Kenntnisse und Geschicklichkeit neue Gewerbe – überhaupt haben die Religionsverfolgungen im Laufe der Jahrzehnte gerade zur Ausbreitung der Spitzenindustrie sehr viel beigetragen. Wenn Deutschland, Schweden, Dänemark, die Schweiz und das Erzgebirge überhaupt eine Spitzenindustrie haben, so verdanken sie es zum größten Teile den französischen und flämischen Emigranten. – Direkte Vorteile aber gewann Venedig daraus, es erzeugte Spitzen im französischen Geschmacke und beschickte damit wieder die französischen und europäischen Märkte. Den zweiten, verderblichen Einfluß hatte die französische Revolution. –

Während der Revolutionsjahre gingen die meisten Spitzen-Industrien in Frankreich zu Grunde, manche, man sagt mehr wie zwölf, für immer; Sedan, Aurillac, Valenciennes kamen nie mehr in Betrieb. Napoleon förderte, wo er konnte, die durch die Revolution lahmgelegten Gewerbe, auch den points d'Alençon wandte er seine Sympathien zu. Die points d'Alençon im Empire zeigen kleine Blümchen stilisiert im réseau verstreut; und dieses ist mit sogenannten petits pois, larmes oder grains de café, coeurs – oder wie diese kleinen Pünktchen sonst noch im empfindsamen Geschmack der Zeit heißen, verziert, maille bouclée wurde von nun an nicht mehr gemacht. Später wurden die Alençon 1830–60 die Blumen auf Maschintülle appliciert und Br. Mercier nahm einen Musterschutz auf seine Erfindung, die sechseckigen Maschintüll-Maschen mit Knopflochstich in eine maille bouclée zu verwandeln.

Dieses Verfahren hatte aber keine große Lebensfähigkeit in sich. Man sagt, es sei noch mühsamer, wie die eigentliche bride bouclée.

Das Cordonet oder die brode der Alençons war zu allen Zeiten schöner und dichter umschlungen, wie das der Venetianer- und Brüsslerspitzen, auch war das Relief weniger erhaben, obwohl man ihm durch Einlage von Roßhaarfäden manchmal mehr Konsistenz gab. Man unterschied früher points d'Alençon und point d'Argentan; letzterer galt als noch kostbarer wie ersterer. Der Unterschied war meistens in einer sorgfältigeren Ausführung in der Zeichnung, auch machte Argentan häufig die mühsame maille bouclée.

Sedan, Aurillac, Reims, Argentella hatten alle den sogenannten fond oeil de perdrix und dies waren lauter ähnliche Spitzen, die man heute schwer differenzieren kann. Argentella sind, wie der Name schon ahnen läßt, eine Abart, besser gesagt Spielart, der Argentan, möglicherweise sind sie wirklich von Genua stammend; die End-Partikel ihres Namens klingt jedenfalls italienisch; sie hatten den fond réseau rosacé besonders viel in Verwendung, das Cordonet ist zwar nicht niedergenäht, aber nicht ganz übersponnen, was auch auf italienische, nicht französische Fabrikation deuten würde, point de Sedan und point plat de Venise hatten einige Ähnlichkeit, Rokokkospitzen mit breiter, und so dichter Zeichnung, daß sie fast jedweden Grund entbehren konnten. Sie haben hie und da kleine Reliefs wie aufgesetzte Lichter im Genre der Brabante.

Colbert hatte gesiegt. Das Geld blieb im Lande und seine bureaukratische Schöpfung hatte die in ihrer Art einzig dastehenden point d'Alençon ins Leben gerufen. Das Wohlwollen der Regierung blieb ihnen stets treu; im Jahre 1811 wurde die Neuerung gemacht, den Arbeiterinnen Zeichenunterricht geben zu lassen, bisher hatte man das nirgends versucht.

Alençon hat eine jetzt noch lebende Tradition der Spitzenindustrie. Erbgesessene Familien bilden Dynastien, die alle Erinnerungen pflegen, teilweise auch publizistisch hervortreten; es sind dies Namen wie: Duval, Despierre, Baron Mercier.

Brüsseler Nadel-Spitzen oder Point de Bruxelles.

Vor allem muß hervorgehoben werden, daß unter dem Namen point de Bruxelles vielerlei Spitzen, sowohl Nadel- wie Klöppelspitzen verstanden werden können. Dieser Mißbrauch mit dem Namen entspringt zum Teil aus der Willkür der Händler und Schneiderinnen und aus dem Unverständnis des Publikums. Es werden points à l'aiguille oder point de gaze für Nadelspitzen, alte Brabanter, duchesse und Applikations von Nadel- und Klöppel-Spitzen und fünferlei (!) Arten point d'Angleterre so genannt. Man sieht also, daß auch in der Bezeichnung der point d'Angleterre verwirrend vorgegangen wird, und es ist schwer, bei den vielfachen, widersprechenden Ansichten der Autoren das richtige in diesem Wirrwarr herauszufinden. Möglicherweise hat man früher wirklich mehr wie eine Gattung Spitzen darunter verstanden. Und als die Verwechslungen begannen und sich der Begriff, der einzig mit dem Namen verknüpft war, immer mehr verwischt hatte, wurde das Unverständnis wohl oft von den Händlern ausgenutzt, um die Käufer zu täuschen, insbesondere da der point d'Angleterre sehr kostbar und hochgeschätzt war.

Die Brüsseler Nadelspitzen, point à l'aiguille, wenn alt, point de gaze, wenn neu genannt, sind verhältnismäßig spät aufgekommen.

Die großen Erfolge der Venetianerspitzen und der point d'Alençon waren die unmittelbare Ursache für die Brüsseler Frauen, eine neue Art Nadelspitzen zu schaffen. Da sie erst gegen die Mitte des XVIII. Jahrhunderts (1720) aufkamen, wurden sie nicht mehr mit brides gemacht, sondern gleich mit dem réseau das damals neu und sehr in Mode war. Point à l'aiguille verleugnet nie seine Abkunft von den Alençon, obwohl diese Alençon einen ausgeprägteren, fast könnte man sagen, einen offiziellen Hofstil hatten. Das Cordonet ist bei den point à l'aiguille wie bei den heutigen point de gaze nicht mit einem aus mehreren Fäden gebildeten stark hervortretenden bride mit dichtem, gleichmäßigen Knopflochstich niedergehalten, sondern nur stellenweise mit point clair niedergenäht, ferner ist auch die Masche des réseaus eine andere. Die Brüsselermasche wird nur aus einer gedrehten Fadenschlinge gemacht, während bei dem Alençon-réseau der Faden am Ende einer solchen einfachen Maschenreihe angelangt, durch die Maschen zurückgeführt wird, so daß alle Seiten des Alençon-réseaus aus doppelten Faden bestehen, was natürlich die Dauerhaftigkeit des Grundes sehr erhöht.

Eine der schönsten Zierden des point à l'aiguille ist ein großer Reichtum und Mannigfaltigkeit an jours, jedoch ist die Zeichnung nicht so schwungvoll stilisiert wie die der Venetianer und nicht so zierlich steif wie der Alençon. In der Zeichnung bleiben Brüsselerspitzen stets naturalistischer wie diese. Anfangs wurden die Blumen und der réseau in Einem gearbeitet. Louis XV. Regierungsantritt brachte auch neue Moden – points d'Angleterre und Malines waren die regierenden Spitzen, und da diese ersteren auch in breiten Stücken gemacht wurden, änderte man die Anfertigungsart der point à l'aiguille und machte die Blumen getrennt vom réseau, und in ihrem Rand wurde nachher der reizende Klöppelréseau, ähnlich dem der Malines angeschlagen. Dieses Verfahren eignete sich aber nur für kleinere Stücke. Bei Barben, Krawatten und schmalen Volants,[6] die wenig Raum für den Fond hatten, bei breiteren Spitzen verwendete man den am Klöppelpolster angefertigten Droschelstreifen[7] in der Breite von drei bis acht Zentimeter, und der wurde mit einem sehr kunstvollen Stich in das Muster hineingenäht und zusammengefügt. Dieser Stich war die Erfindung einer Brüsseler Arbeiterin und war nicht wahrnehmbar. Er blieb lange Zeit hindurch ein wohlgehütetes Metiergeheimnis.

Point à l'aiguille, die kaum ein Jahrhundert in dieser Form und unter dem Namen fabriziert wurden, sind sehr schön und kostbar, insbesondere in der Zusammenstellung der Nadelblumen mit dem sechseckigen, reizenden Droschelgrund wirken sie ungemein gediegen und apart. Alte point à l'aiguille Blumen und réseau, beides aus Nadelarbeit, sind sehr selten, die sechseckige Nadelmasche ist dem Droschelfond ähnlich, das Cordonet ist wie das der Venetianerspitzen, nie so schön und dicht überschlungen wie das ihres gemeinschaftlichen Vorbildes der Alençon, es besteht aus drei bis vier niedergenähten Fäden. Das Cordonet ist auch nicht mit picots in der Zeichnung selbst zwischen dem réseau geschmückt. Diese unzähligen feinen picots bleiben die Spezialität der Alençon.

Als aber im Anfange des XIX. Jahrhunderts der mechanische Tüll in Nottingham erfunden wurde und nun die Nadel- und Klöppel-Applikationen aufkamen, kehrte man zu der ursprünglichen Verfertigung der point à l'aiguille unter dem Namen point de gaze zurück, Blumen und réseau werden wieder in Einem gearbeitet. Das andere Verfahren mit Droscheltüll ist heute gänzlich verloren gegangen. Die Zeichnung ist modern und vielleicht wie die aller modern sein wollenden Brüsselerspitzen etwas zu naturalistisch und zu wenig stilisiert. Die réseaumasche bleibt immer zu leicht, im Gegensatz zu dem etwas roh wirkenden Cordonet. Selbstverständlich werden diese Spitzen heute ebensogut in höchster Vollendung als wie in Marktware ausgeführt, sie stehen, was Popularität anbelangt, in einer Linie mit den duchesses. Point de gaze wird auch häufig auf Tüllapplikations hergestellt. Man nennt sie dann Brüsseler Nadel-Applikation.

Point à l'aiguille werden nicht mehr in Brüssel und Umgebung erzeugt, sondern in den Gegenden von Alost, Gent, Grammont etc.

Belgien hat aber noch etwas Besseres in Nadelspitzen vorzuweisen als den point de gaze, denn es macht alle Gattungen Venetianer Nadelspitzen meisterhaft nach.

Guipures.

Man kann fast sicher annehmen, daß das prunkliebende Spanien die Heimat der guipures ist. Es war das farbenfreudigste europäische Volk und stand am meisten unter östlichem Einfluß, da es doch mit Mauren und Juden nebeneinander wohnte. Die Vorliebe für kostbaren Schmuck und Gewandung mag es sich zum Teil von diesen, zum Teil aus seinem fast parvenuhaft schnell erworbenen Reichtum angewöhnt haben. Man nimmt an, die Mauren hätten die Behandlung der Gold- und Silberfäden den spanischen Juden gelehrt und diese erzeugten die guipures so lange im Lande, bis sie durch die Religionsverfolgungen vertrieben nach anderen Ländern emigrierten. Diese Juden haben wieder ihre Kunst in der neuen Heimat ausgeübt und so wurden die Gold- und Silber-guipures nach Lyon, Marseille, Genua, Mailand, Lucca, Venedig und Ragusa verschleppt. Es ist jedoch wahrscheinlich, daß in Italien auch schon vorher Goldspitzen gemacht wurden, da besonders die genuesischen und venetianischen Rheder sehr häufig mit allen Kulturen des mittelländischen Meeres in Berührung kamen. Die Venetianer Carpaccios schmückten sich mit Gold- und Silberguipures. Die Seidenguipures, die ein- und buntfarbigen, haben in Spanien ihr Vaterland, sonst war dieses wenig produktiv, was Spitzen anbelangt, zum mindesten hat es die Geschichte der Spitzen mit keiner neuen Type bereichert. Es war stets mehr Käufer als Erzeuger, selbstverständlich wurden, wie in allen Klöstern, so auch dort sehr schöne Nadel- und Klöppelspitzen von den Nonnen verfertigt, doch kamen diese Erzeugnisse selten in weltlichen Gebrauch und waren ganz den Venetianerspitzen ähnlich. Die unglaubliche Anzahl von Kirchen, Altären, Marien-, Jesus- und Heiligen-Statuen wurden mit diesen Klosterwerken geschmückt, und bilden heute noch einen nationalen Schatz. Der Bedarf des Laienstandes wurde aber hauptsächlich vom Auslande besorgt; Venetianerspitzen, point de France, point d'Angleterre, Chantilly und Blonden,[8] wie es die Mode mit sich brachte. Die Annahme, daß Spanien selbst im größeren Stil Spitzen erzeugt hat, ist eine irrige und kann, wenn behauptet, nicht genügend bewiesen werden; meistens leitet man dies von der Spitzengattung point d'Espagne genannt, ab. Nun muß man bedenken, daß eine Industrie blühen und vergehen kann, aber niemals verschwindet sie spurlos; Traditionen, Mythen und Dokumente bleiben als sprechende Beweise für die einstige Existenz erhalten. Insbesondere in Spanien mußte die Spitzenindustrie eine sehr ausgebreitete gewesen sein, um den ungeheuren Bedarf dieses reichen und prunkliebenden Volkes und den der Kolonien zu decken. Denn nicht nur der Hof und die Granden trugen Spitzen, sondern auch das ganze Volk, und wie nirgends anderswo wurden die Spitzen als Volants an den Röcken und Mantillen, Volkstracht. Denn die Spitzen-Hauben der Holländerinnen, Fläminnen und französischen Bäuerinnen, erscheinen eine sehr bescheidene Tracht im

Vergleich mit dem reichen Aufwand der Spanierin, wo selbst die ärmste immer eine schwarze und weiße Blonden-Mantille besitzt, und welche als unpfändbar gelten.

Point d'Espagne wird ebenso wie point d'Angleterre nur eine Bezeichnung für eine speziell diesen Ländern gelieferte Ware sein und hat sich der letztere nicht von den Brüsslern, der erstere nicht von den Venetianern unterschieden. Point d'Espagne wurde höchstens im Geschmack und Reichtum der Ausführung der sehr streng konservativen Hofetikette zu Gefallen gearbeitet und es liegt sehr nahe, daß der Verkäufer dem gut zahlenden Kunden aus Courtoisie seine Ware als point d'Espagne verkaufte. Dies ist eine so häufig wiederkehrende Erscheinung im Geschäftsverkehr, daß man sich wundern muß, daß diese zwei Bezeichnungen allein die Basis für eine Polemik abgeben können. Wenn die österreichischen Fabrikanten ihre Fez nach dem Balkan exportieren, vermeiden sie es gewiß, das made in austria zu betonen.

Die Spitzen, die man in Spanien in den Klöstern findet, unterscheiden sich höchstens etwas im Dessin von den venetianischen, und nirgends findet man mit Ausnahme der guipures wirklich originelle Erzeugungen. Man muß bedenken, Spaniens Blütezeit fällt vor die große Spitzenperiode – als diese sich verbreiteten, war es bereits, wenn auch noch nicht äußerlich merkbar, im Verfall. Eine sich zersetzende Gesellschaft, ein kriegsdurchwühltes oder durch unglückliche Politik oder wirtschaftliche Verhältnisse gedrücktes Volk, wird zur Not seine alten Industrien erhalten, eine Hausindustrie kann sogar zum Retter in schweren wirtschaftlichen Krisen werden, wenn der auswärtige Handel brach liegt; wie man dies eben bei der Spitzenerzeugung in den Niederlanden in den traurigen und blutigen XVII. und XVIII. Jahrhunderten beobachten kann. Aber niemals werden in solchen Perioden blühende Industrien neu geschaffen und eingebürgert. So wäre auch damit der logische Beweis für die Unzulänglichkeit einer wirklichen Volks-Spitzen-Industrie der Spanier erbracht. Sie lebten und wirtschafteten so lange der Reichtum früherer Jahre reichte, gedankenlos dahin. Der Staat trieb Raubbau mit den nationalen Gaben, verschwendete und verwüstete, was zu verschwenden und zu verwüsten war. Die Ausbeute der Kolonien versiegte auch durch schlechte Wirtschaft mit der Zeit und diese lösten sich vom Mutterlande los.

Spanien hat nur eine Anregung gegeben und eine Eigenart geschaffen, das sind die bunten Seidenspitzen, und etwa noch nebst diesen die guipures, wofür man Seide und Aloefaden, naturfarben oder schwarz für grobe Spitzen verwendete.

Im XVI. und XVII. Jahrhundert werden auf den Inseln des mittelländischen Meeres vielfach dieselben Kultur- und Zivilisationsverhältnisse wie in Spanien und Portugal zu finden gewesen sein.

Allan Cole reproduzierte in seinem Werke Ancient Point and Pillow Lace auf Tafel IV eine hervorragend schöne spanische Nadelguipure aus dem XVII. Jahrhundert, die schon sehr viel Ähnlichkeit mit point de Venice zeigt, ein maurisches Dessin und die sehr schmale Zeichnung wird beiderseitig von einer stark erhabenen Cardonet eingefaßt. Nadelguipures werden jetzt gar nicht mehr erzeugt.

Je mehr man sich in das Studium der Spitzen vertieft, desto mehr gewinnt man die Überzeugung, daß auch die Klöppelspitzen ihren Anfang in Italien hatten. Macramé d. h. geknüpfte Fransen und die spanischen Metalldrahtguipuren haben die Grundlage gelegt. Beide Gattungen führen uns in ihren allerfrühesten Anfängen in den Orient. In Italien wurden in vielen Städten wie Lucca, Florenz, Venedig, Mailand, Genua, Ragusa, Goldspitzen geflochten; ob sie diese von Spanien übernommen oder direkt vom Orient empfangen haben, bleibt unentschieden.

Mit der Bezeichnung Guipures wird allgemein ein sehr großer Mißbrauch getrieben. Es werden häufig Spitzen, die keinen réseau haben, oder solche mit réseau, wenn sie aus grobem Material gemacht sind, als Guipure bezeichnet.

Der eigentliche Sinn des Wortes Guipure liegt in dem Begriff des Zeitwortes guiper, welches bedeutet einen Faden um einen Achsfaden zu rollen oder zu drehen. Tatsächlich haben die Guipures alle dasselbe Merkmal, daß ihre Arbeit stets mit einer Unterlage verfertigt wird, sei es nun ein Seiden- oder Leinenfaden, die die Basis bilden, und welche entweder mit gleichem oder anderem Material übersponnen wurden. Wie die Klöppelspitzen von Knüpfarbeit und Weberei, wie die Nadelspitzen von point coupé und filet gelernt haben, lehnen sich die Guipures am meisten an die Passementerietechnik an, doch können sie sowohl mit Nadel als auch mit Klöppel gemacht werden. Die ältesten Guipures sind aus Gold- und Silberdraht oder Seidenfaden, ein- oder mehrfärbig gemacht. Sie waren vor und gleichzeitig mit der Reticella Mode. Sie gehören noch fast dem Mittelalter an. Häufig ist der Achsfaden bei Gold- und Silberguipures eine Seiden- oder Leinenschnur; dies begründet sich einerseits aus der Kostbarkeit des Materials, andererseits aber auch in der besseren Gebrauchsfähigkeit. Eine guipure ganz aus Metalldraht hergestellt, hätte den Nachteil gehabt, daß sie viel steifer und ungraziöser in der Verarbeitung gewesen wäre und schwerer im Tragen. Es sind drei eng nebeneinander laufende Fäden oder Schnürchen, die von einem Faden, lose, gewebeartig zusammengehalten werden, und die wie beim Stopfstich, mit einer Schlinge bei jeder Umkehr enden. Das Ornament ist bandartig in großen Schnörkeln und Ranken gezeichnet und weist meistens früheren Geschmacksstil auf. Diese Zeichnung wird mit brides, die unregelmäßig und ganz nach Bedarf angebracht sind, zusammengehalten. Die brides wie der Webertaden der guipure ist aus feinerem Draht oder Faden gebildet, dasselbe gilt auch von Seiden- oder Leinen-guipures.

Genua und Mailand gestalteten die guipures aus und es entstanden alle Arten italienischer, französischer und niederländischer guipures in erster Linie und aus diesen entwickelten sich die anderen Arten Klöppelspitzen, die – besonders in Flandern – zur höchsten technischen Vollkommenheit gediehen.

Die ersten italienischen Klöppelspitzen haben häufig von beiden Gattungen den Charakter entlehnt, und in ihrer weiteren Entwicklung dieselben Effekte verwertet; doch sei erwähnt, daß kaum ein anderer Ausdruck in der kommerziellen Spitzensprache so häufig und so unbegrenzt angewendet wird wie das Wort guipure. Alle groben Spitzen, alle torchons und überhaupt alle Arten, die zufällig keinen sehr populären Namen haben und nicht sehr fein sind, und keine réseau haben, werden kurzweg guipure getauft.

Man kann aber nur zwei Familien unterscheiden, solche, die wie oben gesagt, ihren Ursprung von der Seiden- und Gold-guipure ableiten, die also eine getrennte Ausführung haben, das heißt das toilé (Guimp) und der Grund; die beiden werden getrennt am Klöppelpolster gemacht. Der Faden des toilés oder der guimp läuft nicht wie der Faden der Leinwand horizontal und vertikal zum Rande, sondern parallel zu den Rundungen und Schwingungen der Zeichnung und dieses, das toilé, hat nie einen dichten Rand, sondern endet stets mit einem gleichmäßigen à jour, in dessen Rand dann der Grund eingearbeitet wurde, wenn die einzelnen Teile verbunden wurden.

Die zweite Art wird wie die macramè[9] in Einem gearbeitet und das Charakteristische derselben ist, daß sie weder fond noch toilé im eigentlichen Sinne, also getrennte Wirkung haben; beide lösen oder konzentrieren sich ineinander. Sie werden stets mit der anfangs aufgeschlagenen Anzahl Klöppel fortgearbeitet und nichts dazugefügt oder weggenommen. Und so leicht manchmal die Technik dieser Spitzen aussieht, so verlangt sie von der Arbeiterin ob geübt oder ungeübt, stets eine große Aufmerksamkeit, da sie fortwährend rechnen muß und die Schönheit der Arbeit davon abhängt, daß sie die Fäden richtig verteilt und verzweigen läßt, trennt und vereint, wie die Zeichnung es verlangt, während der réseau jahrelange Übung erfordert, aber dann mühelos und gedankenlos verfertigt werden kann.

Jedes Land hat die Technik dieser zweierlei guipures in seiner Art weiter gestaltet und Neues geschaffen, und auch parallel mit den anderen Nationen Gleiches geleistet.

Um vorerst bei Italien zu bleiben, sind a) die eigentlichen guipures oft aus groben, ungebleichten Leinenfäden und mit erhabenen – wie aufgenähten – Schnürchen gearbeitet (wie schon oben die spanischen geschildert sind) von ihnen abgeleitet, b) die Bändelspitzen; diese sind ihnen eng verwandt. Das Ornament wird durch eine Art Band gebildet, das vorerst der Zeichnung angepaßt geklöppelt wurde. Die Zeichnungen sind etwas derbe Blumen und Ornamente oder ineinander verschlungene Bänder und die Zwischenräume sind mit Klöppel- oder Nadeljours gefüllt und mit brides vereint.

Diese Spitzen, besonders die mit verschlungenem Bandmuster, werden häufig zu den sogenannten Kirchenspitzen gerechnet. Die Bändelspitzen mit geklöppeltem Band sind oft leicht und zierlich verschlungen, im Italienischen heißen sie vermicelli. Sehr häufig findet man an italienischen Arbeiten dieser Art im toilé in kurzen Abständen kleine Löcher in der Größe eines Stecknadelkopfes.

Die Litzenspitzen sind eine Abart von diesen Bändelspitzen; das geklöppelte Bandornament wird durch eine gewebte Litze ersetzt und dadurch muß diese in der Verarbeitung an den Rundungen und Biegungen eingehalten werden und bildet Fältchen, an den Kreuzungen liegt sie doppelt übereinander. Solche Litzenspitzen sind, wenn auch wirkungsvoll und dekorativ, selbstverständlich stets etwas plump und stellen nicht hohe Kunst vor. Aus dieser Art entstanden zu guter Letzt die schrecklichen point lace, die in ihrem Dilettantismus Europa überschwemmten und als »home made« gepriesen wurden.

Die dritte Art, die sogenannten Mailänderspitzen, haben auch Bandornamente oder Adler, Wappen und dergleichen, die als stilisierte Motive in einem ziemlich groben vier- oder sechseckigen geflochtenen Klöppel-réseau sitzen – manchmal ist dieser réseau in Nadelarbeit, in letzterem Fall, wenn die Techniken gemischt sind, heißen sie mezzo punto. Die Mailänderspitzen sind die einzigen italienischen Spitzen, die einen réseau haben.

Es mag daher sehr häufig vorgekommen sein, daß ein solcher Grund erst in späteren Zeiten auf alte Spitzen, an welchen der Grund zuerst abgenutzt wurde, angewendet wurde, denn im allgemeinen werden sowohl Klöppel- wie Nadelspitzen mit der Nadel ausgebessert.

Nun muß erwähnt werden, daß in vielen Fällen bei italienischen besonders aber auch bei flämischen Spitzen dieser Art, Fond und Motive, wenn auch separat, so doch gleichzeitig gemacht wurde, das heißt man arbeitete ein Motiv, dann sofort den réseau und legte die réseauklöppel beiseite, bis ein neuer Raum zum Füllen geschaffen war, man führte die Klöppelfäden quer über ein Motiv auf der Rückseite und erst in späteren Zeiten entwickelte sich die ganz getrennte Art wie bei Bruges und Applikation etc.

Aus diesen drei oben geschilderten Spitzenarten haben sich die Brüsseler, die Bruges und duchesses entwickelt.

Die zweite Klasse der italienischen Spitzen können nur dann zu den Guipures gerechnet werden, wenn ihre Art kein eigentliches toilé aufweist, wenn sich also die Zeichnung und Ausführung nicht im Grund und guimp trennt, sondern diese ein harmonisches Ganzes bilden und sich in geflochtene Schnüre oder Stäbe verbreiten und in Flächen auflösen. Die ältesten geflochtenen heißen point de Gênes frisé (genuesische Giupures) und wurden vielfach als Ersatz für die sehr teuren Nadelspitzen, die venetianischen Reticella, verwendet; sie sind aus ganz geflochtenen Zöpfchen gebildet und sind meistens Zackenspitzen, sie sehen in der Nähe wie gehäkelt aus, von ferne aber haben sie die größte Ähnlichkeit mit Reticella, ihre Ornamente sind ganz geometrisch. Eine Art Ornament wiederholt sich stereotyp, das sogenannte Gerstkornmotiv, bald zieht es sich wie eine Reihe von Kindern aufgefaßter Beeren im Zickzack durch die Spitzen, bald ist es zum Kleeblatt oder sternartig zusammengesetzt. Eine andere Gattung Zackenspitzen, auch genuesischen Ursprungs, ist offenbar aus der geflochtenen Guipure entstanden, sie sind flach, haben dickes toilé, ebenfalls wie Beeren oder Kugeln, welche aus dem geklöppelten Bandornament entstanden sind, und sind mit brides verbunden. Für unser heutiges Auge wären sie zu plump, um sie für den Schmuck der Kleidung zu verwenden, aber ihre allgemeine Ähnlichkeit mit der Reticella verschafften ihnen im XVII. Jahrhundert große Verbreitung für das bürgerliche Alltagskleid der Minderbemittelten und für die sparsamen Kaufleute der republikanischen Gesellschaften des Westens; man kann sie häufig auf Porträts ehrsamer Ratsherrn und Bürger abgebildet sehen. Sie haben ein neues Element in die Klöppeltechnik gebracht, nämlich die tiefeingekerbten Spitzen und runden Zacken, die bei den Engländern vandyked heißen, nach der auf Van Dyk-Porträts abgebildeten Spitzen, die fast alle diese Formen haben. Aus diesen Spitzen in einem Zug geklöppelt, entwickelten sich die vielen groben Leinenspitzen, welche für den Hausgebrauch in Oberitalien verwendet wurden. Sie sind gute, dauerhafte Spitzen mit einfachen bäuerlichen aber geschmackvollen Motiven, man fand sie vielfach an gestickten Leintüchern und Bettwäsche angenäht, ihre Verbreitung reichte weit über Italien hinaus. In Tirol, Kroatien und Istrien wurden sie ebenfalls gemacht.

Zu dieser Gruppe gehören noch die Malteserspitzen, in schwarzer oder weißer Seide oder aus Leinenfäden geklöppelt. – Die Zeichnung ist sehr einfach: Bandmotive mit Gerstkorn-Gruppen zu Kreuzen gestellt und Räder aus brides sind so ziemlich die hergebrachten Ornamente.

Italien hat seine Technik vernachlässigt, es blieb bei der Fertigkeit des XVII. Jahrhunderts stehen und überließ es anderen Völkern, den Belgiern und Franzosen, darin reiche Ausbeute an Variationen zu schaffen. Der italienische Flachs eignete sich nicht so gut zu feinen regelmäßigen Gespinsten. Daher kann man italienische Klöppelspitzen stets an ihrer relativen Grobheit des Fadens erkennen, wenn nicht an dem Stil der Zeichnung, der etwas Großzügiges und Elegantes hat.

Flämische Klöppelspitzen.

Vermutlich ist es eine Gedankenassoziation, die viele befällt, daß man sich ein altes niederländisches Interieur gar nicht ohne einen Klöppelpolster vorstellen kann; man sieht so viele Spitzen auf allen Porträts und die holländischen Maler sind jedenfalls diejenigen, welche am häufigsten die Spitzenklöpplerinnen in ihren Genre-Bildern dargestellt haben. Und doch will man dafür Beweise erbringen, so erscheint es fast wie ein Trugschluß, man weiß wenig über die holländische Spitzenerzeugung und zur Geschichte der Luxusspitzen haben sie jedenfalls nichts beigetragen; betrachtet man aber die holländischen Pottenkant, denkt man an die Individualität dieses Volkes, an ihre verhältnismäßig ruhige Geschichte, so meint man ohne es völlig beweisen zu können, daß doch früher die Klöppelindustrie sehr stark ausgebreitet war, aber aus irgend welcher Ursache früher versiegte, als die große Blüte-Zeit für die Spitzen anbrach; daß es also bei einfachen Erzeugnissen blieb, die zwar allgemein im Gebrauch waren, aber schon in der dritten oder vierten Generation zugrunde gegangen sein mögen, denn man muß bedenken, daß Spitzen, die älter wie 150 Jahre sind, zu den großen, geschätzten Seltenheiten gehören. Daher erklärt es sich, daß man von den einfacheren alten Spitzen sehr wenig weiß, weil sie zu sehr durch den täglichen Hausgebrauch abgenutzt wurden und viel schneller zugrunde gingen, wie die sehr großen und kostbaren Luxusspitzen. Dies ist zu bedauern, da man gerade an den einfacheren Klöppelspitzen gut die Entwickelungsgeschichte studieren könnte.

Auch der feinste, zarteste holländische Flachs, besonders berühmt von Harlem, der allen nordischen Spitzen ein gewisses Übergewicht an Eleganz gegen die gröberen italienischen Gespinste gab, trägt dazu bei, in Holland Spitzen zu suchen – um – keine zu finden.

Die Klöppelspitzen haben ihre Heimat in Flandern, Brabant, kurzum in ganz Belgien und mit belgischen Klöppelspitzen kann kein Land der Welt in Wettbewerb treten, auch Italien und Frankreich nicht. Belgien hat vor allem sämtliche existierenden Gattungen Klöppelspitzen gepflegt, es hat den réseau erfunden und mit wenigen Ausnahmen wie Frankreich mit Chantilly und Italien mit Mailänder réseauspitzen, auch allein ausgenutzt. Die einheimischen Klöppelspitzen der anderen Länder haben meistens nur brides in allen möglichen Ausführungen oder sind getreue Nachahmungen von flämischen Spitzen. Der réseau wurde aber nirgends so eingebürgert, daß er neue nationale Abarten im Laufe der Jahrzehnte gebildet hätte, und selbst die Imitationen wurden meistens gröber und bäuerlicher wie die Originale des Stammlandes gemacht.

Es erscheint daher unnötig und schwer, wie schon einmal erwähnt, die Spitzen durchwegs nach Nationalitäten zu differenzieren, insbesondere wenn sie kein besonders abweichendes Gepräge zeigen. Ist es nicht logischer, die Valenciennes unter die flämischen Spitzen zu gliedern, als wie unter die französischen zu reihen? Valenciennes gehörte bis zum Jahre 1677, als es durch den Frieden von Nymwegen zu Frankreich kam, zu den Niederlanden. Die vielerlei kleinen Spitzen, die in der Normandie und der Bretagne gemacht wurden, tragen alle Valenciennes oder malineartigen Typus, ebenso die Spitzen des Erzgebirges und nirgends wurden sie vervollkommnet noch liefen sie denen des Mutterlandes irgendwie den Rang ab; sie blieben Epigonen.

Charakteristisch gesondert erscheinen hingegen die Chantilly und Blonden für Frankreich, wenn sie auch heute vielfach nur mehr in Grammont erzeugt werden, so bleiben sie doch ein wesentlich französisches Produkt. Und Spitzen ohne réseau kann man einige anführen, die ganz nationales Aussehen haben, so die russischen und skandinavischen mit ihrem monotonen Muschelornament, das an die versteinerten Ammoniten erinnert, und viele andere.

Klöppelspitzen kann man jedoch in zwei der Technik nach höchst verschiedene Gattungen einteilen, welche beide in Italien, Belgien und Frankreich gepflegt wurden. Es sind erstens die Spitzen, die in einem Zuge fortlaufend gearbeitet wurden, zweitens Spitzen, die in ihren einzelnen Teilen separat angefertigt und dann mittelst Häkelnadel[10] und Klöppel zu einem Ganzen vereinigt wurden.

Die ersteren werden in Belgien auf einem viereckigen, leicht geneigten Polster gemacht, in anderen Ländern besonders für schmale Spitzen, auf einem muffartigen, dem die Vorlagzeichnung ringartig angepaßt wird, und auf dem die Spitzen ins Unendliche fortgearbeitet werden können. Man findet in allen Ländern eine Art Spitzen, die man häufig auch Kirchenspitzen nennt, und die untereinander, sei es der point d'Anvers, oder deutsche oder italienische, ein und denselben Ursprung haben und sehr alt sind, es sind Spitzen, die keinen eigentlichen Grund noch Leinwandschlag aufweisen; sie sind locker und die Formen lösen sich auf und gehen ineinander über, kaum bildet sich in dem Gewirre der Klöppel eine kleine Insel als Leinwandschlag, gleich wird sie gelöst und verteilt sich in geflochtenen Stäben (Ganzschlag und Halbschlag) etc. Es sind dies die einfachen Flechtspitzen.

Diese Spitzen bilden die Ahnen für die ganze Gruppe der in Einem gemachten Spitzen. Italien und Deutschland haben sie verhältnismäßig am wenigsten umgebildet und sie blieben Spitzen für Haus- und Kirchengebrauch. In Frankreich entwickelten sich aus ihnen die torchons, die heute noch in der Auvergne tausenden und abertausenden Händen Beschäftigung geben. Am meisten hat aber Belgien diese Spitzen umgestaltet, so sehr, daß man in der primitiven verwischten dentelle d'Auvers kaum mehr die Verwandtschaft mit den réseauspitzen erkennen kann.

In Italien gehören hieher alle bäuerlichen und die Dekorationsspitzen (guipure d'ameublement) wie sie in ganz Oberitalien von den genuesischen Litorale bis zur Adria gemacht werden. Spitzen in spagatgrober, ungebleichter Leinwand sind heute überall in allen Industriebezirken zu finden. In Frankreich wurden sie in der Auvergne gemacht und bilden die torchons und dentelles d'ameublement (guipure d'art). In diese Gruppe gehören für Frankreich noch alle Valenciennes, Lilleartigen, Chantilly und Blonden, aber diese wurden nicht in Frankreich aus den torchons systematisch entwickelt, sondern sie übernahmen die Früchte der belgischen Künste und arbeiteten später erst an der weiteren Entwicklung. In Belgien entstanden aus dentelle d'Anvers, point de Flandre, Trollkant, Pottenkant, point de Paris die primitivsten Valenciennes, moderne Valenciennes, Malines, Binche, Lille. Aus dem aufgelösten Maschengewirr der Antwerpenerspitzen bildete sich vorerst die maille à cinq troux und der fond de neige, später der regelmäßige Maschengrund der Malines, Valenciennes und Lille, die die schönsten, dauerhaftesten und kostbarsten réseauspitzen sind und deren réseau man verschiedene Namen gibt, fond clair ou simple für Lille, Chantilly, Blonden (aus bloß gedrehten Fäden), fond double oder fond chant, aus paarweise laufenden Fäden, wie Pottenkant, point de Paris, Chantilly, torchons und auch Blonden – geflochtenen Masche, wie Malines, Valencienne und maille à cinq troux, Binche, Trollkant. Zur zweiten Gruppe gehören alle Klöppelspitzen, deren Formenschlag getrennt gemacht ist, sie haben mit Ausnahme der point d'Angleterre und point de Milan keinen réseaugrund.

Sie werden auf einem wie eine Scheibe drehbaren Polster gemacht, so daß die Arbeit jeweilig in die für die arbeitende Person bequemste Lage gedreht werden kann, sie haben stets wenig Klöppelpaare in Verwendung und dies vereinfacht die Arbeit in vieler Beziehung insbesondere, da sie die geeignete Technik vorstellen, um größere Stücke, wie sie unter Louis XIV. zweiter Regierungshälfte modern wurden, anzufertigen. Sieht man also einen breiten Volant oder Schleier oder tablier mit Réseaugrund, kann man sicher sein, daß es Spitzen sind, die in der zweiten Gattung Technik gemacht werden mit Ausnahme der Blonden und Chantilly, die in schmalen Streifen einerlei ob fond oder Dessin angefertigt und dann zusammengenäht werden.

Diese Technik wurde von den Mailänder Réseauspitzen übernommen und die älteste Ausführungsart dürfte wohl die eben geschilderte sein: daß man die Motive von Fall zu Fall rund arbeitete und sie gleich mit den brides oder réseaus zusammenfügte. Man legte die Klöppel dann jeweilig beiseite und führte sie auf der Rückseite quer über das Dessin. Diese Art wurde so lange ausgeführt, als die Zeichnung des Toilé noch eine streifenweise war, sobald ganz freie, inselartige Motive gemacht wurden, knüpfte man den réseau nachträglich in den Rand und die Motive wurden auf runden Polster oft von mehreren Arbeiterinnen gleichzeitig hergestellt; so entstanden point d'Angleterre, duchesse, Bruges, applikations etc.

Es ist ferner stets sehr wichtig, die Spitzen darauf hin zu betrachten, ob sie flach gearbeitet sind, also ganz dem Klöppelstil treu bleiben oder ob sie mit Zufügung des Cardonet andere Wirkung ähnlicher textiler Erzeugnisse anstreben, wie der Stickerei, oder der Nadelspitzen oder eigentlichen Guipuren, wie man es an Malines, Trollkant, Lille, Pottenkant, Brabanten etc. findet.

Trollkant sind ganz eigentümliche, flandrische Spitzen, die sich sehr in der Zeichnung an jene Spitzen, genannt points de Flandre, anlehnen; ihre Eigenart ist, daß sie gleich einer Musterkarte alle möglichen (points-)Schläge und Variationen aufweisen. Troll heißt auf Flämisch Kobold (wie im Skandinavischen), aber Trolly bedeutet auch einen groben Faden, etwa dem Sinne nach den französischen »la brode« gleichbedeutend. So mag man sich um den Ursprung dieses Wortes Trollkant streiten, erklärt und gedeutet konnte es nach beiden werden. Kobold und Fee haben dem gewöhnlichen Sterblichen überlegene Phantasie; das Muster ist stets wechselnd, nicht kontinuierlich, sei es nun in der Zeichnung, oder in der technischen Interpretation, doch haben Trollkant immer einen Konturfaden und dies, und die nicht einheitliche Ausführung der Zeichnung, unterscheiden sie hauptsächlich von den points de Flandre; es sind dichte Spitzen mit meistens guten, alten Zeichnungen, in nicht sehr feinem, aber regelmäßigem Faden ausgeführt; jedenfalls sind sie eine Spiel- oder Eigenart Flanderns und gehören zu den Varianten der vielen Stämmlinge der points d'Anvers, points de neige, maille à cinque troux, der einfache Formenschlag, fond chant oder fond double finden sich vereint, aber bilden noch keinen eigentlichen von den Motiven getrennten Grund.

Valenciennes.

Valenciennes, die Wäschespitzen par excellence, sind leicht erkennbar, toilé und réseau werden gleichzeitig gearbeitet und womöglich mit der gleichen Anzahl Klöppel. Sie gelten mit Recht als die dauerhaftesten Spitzen, das toilé ist das dichteste, welches überhaupt vorkommt, und sieht wie feiner Batist aus. Die Klöppel werden kunstvoll verteilt und in dem réseau fortgeführt, welcher aus einer der Valenciennes charakteristischen Masche besteht; jede Seite derselben ist ein aus vier Fäden geflochtenes Zöpfchen, je dichter dieses ist, desto dauerhafter ist sie.

Das toilé ist von keinem Cordonet-Faden eingefaßt, und ist ganz flach, was ihm beim Waschen und Bügeln sehr zum Vorteil gereicht. Daher hatte sie den Beinamen eternelles Valenciennes. Der Faden des toilé läuft wie bei Leinwand vertikal und horizontal, bei alten Stücken kann man beobachten, daß das toilé und réseau aus derselben Klöppelanzahl bestand, es wurde also nichts geschnitten. Man kann die Valenciennes in dreierlei Gattungen einteilen:

1. Die ganz alten, welche sehr große Ähnlichkeit mit den flandrischen Spitzen zeigen, haben die maille à cinque troux (welche auch geflochten ist). Die Zeichnung bildet nicht den Rand, sondern schlängelt sich durch die ganze Breite in einem großzügigen Muster, Blumen und Ranken, mit Vorliebe Nelken und Tulpen, welches darauf schließen läßt, daß wirklich die flämischen Arbeiterinnen, die unter Louis XIV. in Valenciennes angesiedelt wurden, diese Art eingeführt haben. Der réseau geht bis zum Rand, welcher nur durch ein doppelt breites Zöpfchen (acht Fäden) und picots abgeschlossen ist; sie haben häufig jours mit point de neige.

2. Die Valenciennes wie sie noch heute ist, mit der runden oder fast runden Masche und die Valenciennes mit der viereckigen Masche.

Die Valenciennes mit der runden Masche ist die ältere von den beiden letzteren Gattungen. Ihr réseau wurde in Valenciennes erfunden, weshalb diese les vraies Valenciennes genannt wurde; sie waren schön und fein gearbeitet, das toilé bildet bei beiden Gattungen den Rand, kleine verstreute Blümchen bilden häufig die Zeichnung und im Beginne mögen die Spitzen, in Valenciennes selbst verfertigt, sich durch größere Schönheit ausgezeichnet haben, so daß die in Lille, Aras und so weiter angefertigten Imitationen als fausses Valenciennes oder bâtardes benannt wurden, doch mit dem XVIII. Jahrhundert ging dieser Industriezweig in Valenciennes nieder.

Im belgischen Flandern blühte dafür diese Gattung auf, die Revolution hatte in Frankreich die verderblichsten Folgen für die Spitzenindustrie im allgemeinen.

Auch wurden später in Lille und Aras weniger kostspielige Lille Spitzen gemacht, die unter dem Namen dentelle de Lille den Valenciennes Konkurrenz machten. Um sich ein Bild von dem Unterschiede in der Anfertigung zu machen, sei nur erwähnt: während eine Arbeiterin der Lillespitzen zwei bis drei Meter im Tage fertig stellen konnte, vermochte eine Valenciennes-Klöpplerin höchstens fünf Centimeter bei zwölfstündiger Arbeitszeit zustande zu bringen, man kann also dadurch den bedeutenden Preisunterschied verstehen.

Mme. Paliser erzählt: auf der Weltausstellung im Jahre 1851 waren Valenciennes von Ypres zu 2000 Franks per Meter ausgestellt. Die Arbeiterin konnte in zwölf Stunden täglich nur acht Millimeter anfertigen.

Valenciennes in der Breite von fünf Centimeter benötigen zwei bis dreihundert Klöppel. Jetzt werden in Valenciennes gar keine Spitzen in der Art und dieses Namens gemacht. Fast der ganze Bedarf wird in Belgien gemacht und zwar ist Ypres das Zentrum davon. Im Jahre 1830 wurde dann die viereckige, sehr klare Masche gemacht. Die Zeichnung wurde reformiert, sogar jours mit point d'aiguilles, mit barettes, und point de neige gemacht.

In Bruges, Courtrois, Bailleul und so weiter macht man Valenciennes mit kleinen Abweichungen, zum Beispiel in der Brugher Gegend wird die runde oder fast runde Masche gemacht, anderswo wird das toilé sehr fein geklöppelt und während des Arbeitens werden Nadeln hineingestochen, die dann kleine Löcher bilden. Im Ganzen und Großen gehören aber die Valenciennes zu jenen Spitzengattungen, die in stetiger Abnahme begriffen sind; einerseits ist die Herstellung eine außerordentlich mühsame und langwierige, anderseits werden sie durch die Maschine in stetig besserer Ausführung imitiert, so zwar, daß die feinen Sorten der Maschinenspitzen oft schwer von den echten zu unterscheiden sind. Das toilé und réseau ist schon recht ähnlich, nur an dem Rande und den picots kann man die falschen besonders nach dem Waschen leicht erkennen. Die picots der echten sind aus zwei Paar Fäden geschlungen (vier Fäden), die falschen nur aus zwei einfachen Fadenmaschen, die nebeneinander liegen. Die picots und Ränder bei allen Maschinenspitzen sind der schwächste Teil und der Rand zieht ein und zerreißt zuerst.

Die Zahl der Arbeiterinnen vermindert sich jedes Jahr und die jungen Arbeiterinnen können überhaupt nur mehr die schmalen billigen und gröberen Waren (meistens für den Hausierhandel) machen. Die Valenciennes wurden auch noch im Erzgebirge, der Schweiz und in England und so weiter gemacht, sind aber niemals so fein und schön gearbeitet wie die belgischen. Jahrelang, von Kindesbeinen auf erworbene Übung ist die Grundbedingung der Technik dieser Spitzen.

Malines.

Wenn die Valenciennes den Beinamen »les eternelles« verdienen, gebührt den Malines hingegen das Prädikat »la reine de dentelles«. Tatsächlich kann mit ihr an Zartheit, Kleidsamkeit und Eleganz nur noch die Binches konkurrieren.

In der ersten Hälfte des XVII. Jahrhunderts wurde der Name Malines im allgemeinen für die verschiedenen flandrischen Spitzen gebraucht und zirka von 1665 an knüpft sich der Name genauer an diese Spitzengattung an, obwohl sie damals noch nicht das Aussehen unserer heute bekannten Malines hatte. Es war auch nach dieser Zeit gegen das XVIII. Jahrhundert, daß sich nach den Versuchen und dem Gebrauche der verschiedenen fonds, in Malines die den Spitzen dieses Namens einzig eigentümliche Masche herauskristallisierte, welche den sogenannten Droschelgrund oder Eisgrund bilden, jene reizende, klare und dabei doch zarte sechsseitige Masche. An vier Seiten ist sie aus doppelten Fäden gewunden, während sie an den zwei Seiten, an welchen die zwei Fadenpaare zusammenlaufen, mehrfach geflochten ist.

Der Leinengrund (toilé) wird gleichzeitig mit dem Grund (réseau) gearbeitet und der Fadenschlag läuft wie bei den Valenciennes vertikal und horizontal. Ein stärkerer Faden (cordonet) umgibt die Contour und akzentuiert die Zeichnung des toilé, welches schütterer, wie bei den Valenciennes, geschlagen wird. Es wird dadurch dieses wolkige und flaumige Gepräge der Spitze hervorgerufen und steht im reizenden Kontrast zu dem Grund der reinen und regelmäßigen Maschen.

Die ältesten Malines haben wie alle älteren Spitzen ein sehr breites Dessin, so daß für den eigentlichen réseau nur wenig Raum bleibt. Sie haben in der Zeichnung große Ähnlichkeit mit den alten Brüsselerspitzen, die Technik der Ausführung ist grundverschieden und bei näherem Betrachten wird sie leicht zu unterscheiden sein. Der Faden des toilé der Brüsselerspitzen läuft stets parallel mit der Zeichnung und paßt und schmiegt sich ihren Rundungen an.

Eine Zeitlang verwendete man in den Malines auch vielfach den »fond de neige« und damals sahen sie den Trollkanten sehr ähnlich, doch kam der fond de neige wieder ab und mit dem geübteren Gebrauch des Droschelgrundes bildete sich auch die Zeichnung zu einem den Malines charakteristischen Stile aus. Es waren kleine Blumen, zarte Ranken und Blätter, Rosen und Margueriten, häufig waren in den Blumen jours ausgespart, welche mit brides und anderen fonds gefüllt waren, meistens bildete die Zeichnung eine ausgeprägte Bordure und der réseau war nur mit kleinen Blümchen, point d'ésprit und so weiter geziert.

Daher nannte man sie Malines à brides, Malines à fond de neige, malines à points d'esprit. In dieser letzten Entwicklung wurden sie ungemein geschätzt und sie waren durch mehr als wie ein Jahrhundert hohe Mode an den Höfen von England und Frankreich. Der feinste Faden, der stets aus Leinen war, gab ihr diesen weichen, milchigen Schimmer, der, wie ein Autor sagte, die Blondinen, welche damals an den Höfen regierten, gut und vornehm kleidete.

Die Ausführung war sehr kostspielig; es erforderte sechs Jahre Lehrzeit, um die Masche des Yisgrondes regelmäßig und zart ausführen zu können. So waren es die Spitzen der Höchsten und Reichsten.

Während der régence unter Louis XV. und Marie Antoinette wurden sie für Ruchen, Jabots, Krawatten und fichus, für Hauben und Kopfputz verwendet. Die Etikette schrieb sie für Sommerfestlichkeiten vor. Die Zeichnung folgte der Mode, für Ruchen brauchte man barbenartige Spitzen, die an beiden Seiten mit picots versehen waren, und diese borduren wurden noch kampaniert, das heißt mit schmalen leichten Spitzen (mignonettes) besetzt, was ihnen, zu Ruchen gelegt, ein ungemein duftiges Aussehen gab.

Maria Antoinette lancierte die Mode der leichten Stoffe, Linon, indischer Mouseline, gestickter Batist wurden für Kleider und fichus verwendet und mit ihnen triumphierten zum letzten Male die Malines.

In England waren sie schon früher aus der Mode gekommen und da die Stadt Malines ihr Absatzgebiet besonders in England hatte, verfiel dieser Industriezweig in ihr am ersten. Die französische Revolution vernichtete sie gänzlich und heute gibt es in Malines gar keine Spitzen dieser Art und an anderen Orten hat sie gleichfalls ganz aufgehört zu existieren. Turnhout mit achthundert Arbeitern fabriziert hauptsächlich nur schmale billige Ware.

Napoleon war ein eifriger Bewunderer der Malines und er wollte diese niedergegangene Industrie wieder beleben, aber es gelang ihm nicht; es war kein Nachwuchs an Arbeiterinnen herangebildet worden, sie verstanden nicht mehr, den Droschelgrund zu formen. Wenige alte Frauen vegetieren noch, die sich mit Anfertigung der Malines beschäftigen.

Und so leben die Malines meist nur mehr in alten Familiensammlungen weiter und nur hie und da sieht man auf einer Ausstellung noch ein schönes Stück moderner Erzeugung.

Points de Lille.

Eine Art Mittelstellung zwischen den Valenciennes und den Malines nehmen die Lillespitzen ein. In Lille wurde schon sehr früh geklöppelt, gegen 1600 wurden schwarze und weiße Spitzen erzeugt, dann imitierte man die Valenciennes, welche 16 000 Arbeiterinnen beschäftigt haben. Mit der großen Vogue der Malines und dem starken Bedarf derselben änderten die Lillespitzen ihre Art allmählich und anstatt der Valenciennes imitierte man die Malines. Die Lille sind die vulgären Malines, sozusagen eine billige Volksausgabe. Sie sehen in ihrer Zeichnung und der allgemeinen Wirkung ihren vornehmen Schwestern oft zum Verwechseln ähnlich, doch es genügt, sie näher zu betrachten, um zu bemerken, daß ihnen der den Malines eigene Charme fehlt; sie sind steifer und ungraziöser, doch ist ihre Ausführung eine ungemein billigere. Das toilé ist häufig sehr schmal, oft nur gleich so breit, wie der offene grobe Faden, der es umgibt. Die Spitzen haben meistens einen geraden Rand (doch nicht ausnahmslos). Es gibt zwei deutlich getrennte Arten Lilles, die eine, welche für Holland, die andere, die für Frankreich bestimmt sind; gemeinsam sind ihnen die oben erwähnten Merkmale und der stets aus einem fond clair bestehende Grund, das heißt es wird eine aus zwei Fäden mit Hilfe von Stecknadeln gewundene Masche hergestellt, und zwar ist diese für Frankreich stets sechseckig, für Holland häufiger viereckig, außerdem gilt für beide, daß die Maschen stets senkrecht zum Rande der Spitzen stehen, während bei den Malines parallel zu diesem.

Die Lilles, welche für den Handel nach Frankreich bestimmt sind, imitieren die Malines am stärksten; sie haben sehr ähnliche Muster, oft sind jours mit ovalen Medaillons mit verschiedenen fonds gefüllt in der Zeichnung der Bordüren, dann gibt es auch solche, die mehr den Valenciennes ähnlich sind, oder solche, deren Dessin sich um traubenartige Löcher oder Kreise bildet. Es gibt auch sehr feine, zarte Lilles, in welchen das Cordonet durch das toilé läuft, anstatt es einzufassen. Häufig werden die Lilles als Malines verkauft und der Käufer soll genau zusehen, daß er diese Spitzen nicht stark überzahlt.

Die zweite Gattung der holländischen Exportartikel wird als »Dutche« von den Arbeiterinnen benannt. Diese sind sehr volkstümliche ziemlich derbe Spitzen, mit hübschen großzügigen Rankenwerkzeichnungen und ihre Bestimmung ist meistens, für die holländische Nationalhaube verwendet zu werden.

Oft ist die Zeichnung so komponiert, daß sie einen Haubenflügel ausfüllt. Ihr réseau ist mit points d'esprits geziert, und in der ganzen Art liegt etwas Traditionelles, welches kaum von der Mode beeinflußt wird. Wer erinnert sich nicht gerne an jenen reizenden und kleidsamen Kopfputz, der die runden frischen Gesichter der Holländerinnen mit den blendend weißen Flügeln malerisch umgibt? Als Ersatz für die aus Lillespitzen verfertigten Hauben wird auch häufig der billigere gestickte Tüll verwendet.

Wie überhaupt in Frankreich mit dem XIX. Jahrhundert das Klöppeln vielfach abkam, war es wie in Valenciennes auch in Lille, daß diese Industrie ganz nach Belgien übersiedelte, wo sie heute noch einen recht blühenden Zweig der Spitzenindustrie ausmacht und zwar meistens an jenen Orten, wo einstens oder noch jetzt Malines oder points de France oder Valenciennes verfertigt wurden oder werden. Ein Hauptzentrum ist Turnhout im nördlichen Belgien.

Binches.

Binches sind den vieux points de flandre nahe verwandt, sie haben wie diese keinen eigentlichen réseau, sondern jenen verschwommenen, aufgelösten Maschengrund, der den alten belgischen Spitzen ihr Gepräge gibt. Es sind in ihrer Einfachheit reizende, phantastische Spitzen; es ist als ob ein dichter Schneefall, durch die Klöppelmalerei wiedergegeben würde, große, kleine und ganz kleine Flocken haben sich sachte um eine Ranke wie eine Eisblume festgesetzt, denn so natürlich und scheinbar kunstlos sieht der point de neige aus; die Zeichnung paßt sich dieser Zartheit an, wie ein Netz aus Fäden von gesponnenem Zucker, wie der Schatten eines gefiederten Baumes, der an einer weißen Wand hin- und hergleitet; wie ein Spinngewebe zwischen Zweigen in der Luft gespannt sieht sie sich an, es sind Elfenspitzen. Der Faden ist von außerordentlicher Feinheit.

Flach, ohne Cordonet, mit einem sehr losen Leinwandgrund, nur mit point de neige und hie und da einer ganz kleinen Maschengruppe ähnlich den fond chant als jour verwendet, wirken sie durchaus nicht monoton; zart und duftig gehören sie dennoch in die Familie der haltbarsten, der geflochtenen Spitzen; wo nur irgendwo vier Fäden zusammenlaufen, vereinigen sie sich zu einem losen Zöpfchen.

Meistens haben sie einen geraden Rand, der nur durch die picots abgeschlossen ist, die Zeichnung ist auch größtenteils wie für ein entre-deux komponiert. Das toilé bildet nicht den Rand. Obwohl die größte Mode der Binches knapp vor die französische Revolution fiel, sind ihre Muster doch die der ersten Hälfte des XVII. Jahrhunderts geblieben. Was heute an Binches gemacht und so genannt wird, verdient kaum den Namen, sie sind schwer und in derber Ausführung und sehen eher den point de Flandres ähnlich. Point de neige, wie sie auch genannt wurden, gehören leider, wie so vieles Schöne, der Vergangenheit an.

In der Stadt Binches wurden sie schon seit langem durch die Allerwelts-Brüsslerapplikations verdrängt. Die besseren Arbeiterinnen wanderten zur Zeit der Krisis nach Flandern aus und nahmen das Geheimnis ihrer Technik mit.

In Binches aber soll am Karnevalstag des Gilles mit einer mächtigen Ruche aus dentelles de Binche spazieren gehen, der letzte Rest einer verschwundenen Pracht. Sic transit gloria mundi.

Point de Paris.

Ursprünglich wurden in der Umgebung von Paris ganz gewöhnliche Klöppelspitzen gemacht, lisette, mignonette und gewöhnliche Guipuren. Gleichzeitig mit der Gründung der Industrie in Reims, Sedan, Alençon etc. wurde von Colbert auch eine Fabrik im Château de Madrid bei Paris eingerichtet und nun gestalteten sich die Spitzen aus. Als im XVIII. Jahrhundert die große Nachfrage in Malines war, und gerne von Minderbemittelten ähnliche aber billigere Spitzen gekauft wurden, kamen die Lilles und points de Paris auf und es wurden diese Spitzen, wie sie noch jetzt gemacht werden, erzeugt. Die points de Paris tragen zu sehr den flämischen Typus, sind nebstbei Epigonenspitzen, als daß man sie aus dieser Gruppe ausschalten könnte. Ihr fond chant oder fond de Paris, derselbe wie die Chantillyspitzen, scheint zwar absolut französisch zu sein, ist es aber nicht so sehr, als man meinen könnte, denn der fond double, wie er auch meistens genannt wird, wurde von jeher an dem urflämischen Pottenkant verwendet. Es ist ein sogenannter Spellegrund, ein Réseau, das mit Hilfe von Stecknadeln angefertigt wird, und zwar aus zwei diagonalen und einem horizontalen, sich kreuzenden Fadenpaare. Es sind Spitzen, die sich niemals durch allzugroßen Ideenreichtum in der Zeichnung hervortun. Meistens werden sie auch ziemlich gewöhnlich und in grober Ausführung gemacht. Ihr toilé ist wie das der Malines und Lille von einem Cordonette umgeben und oft haben sie jours in points de Lille.

Meistens sind die points de Paris gröber wie point de Lille. Diese Spitzen sind schon seit langem, wie die meisten Klöppelspitzen, von Frankreich ganz nach Belgien übersiedelt, sie werden in Turnhout und Cerfontaine und anderen Orten fabriziert. Man macht points de Paris außer in weißen Leinenfaden auch in schwarzer Seide.

Holländische Spitzen. Pottenkant.

Pottenkant sind originelle ganz volkstümliche Spitzen. Es ist ein ganz merkwürdiger Vorwurf: immer und immer wieder Blumentöpfe oder Vasen mit Blumen. Da sie aber häufig sehr graziös sind und in ihrer Art einzig dastehen, und auch technisch durchaus nicht in einer anderen Gruppe aufgehen, so muß man ihnen einen besonderen Platz anweisen. Sie sind so holländisch mit ihren stilisierten Tulpen und Nelken und anderen Blumen, manchmal mit Wurzeln im Topf, manchmal geschnitten in Vasen, daß man sie eher jenseits der Schelde als bloß diesseits in Antwerpen suchen würde. Sie haben ein fond double, wie point de Paris, in dem klar und bürgerlich korrekt der kleine Topf mit seinen Zweigen sitzt. Ein Cordonet umgibt die Zeichnung, der Rand ist meistens ganz gerade, oft wie für einen Einsatz (entre deux) gearbeitet; sie sind selten mehr, wie ein paar Finger breit.

Blonden.

Man kann spanische und französische Blonden unterscheiden, die zwei sehr verschiedene Gattungen unter diesem Namen vereinen; die ersten gehören zur spanischen Nationaltracht.

Sehr liebenswürdige und anmutige Spitzen ohne höheren künstlerischen Wert sind die Blonden, ihre glänzend weißen Seidenflecken geben ihnen einen weichen Schimmer, der sie ganz unähnlich den anderen Spitzengattungen aus Zwirn macht, sie sind sehr auffallend und doch nicht so kostbar, daß sie von jeher der Modelaune unterworfen waren. Maria Antoinette liebte sie sehr und sie waren bis zum Sturze des Königtums beliebt, dann verschwanden sie und tauchten mehrmals wieder im XIX. Jahrhundert auf. Kaiserin Eugenie als Spanierin bevorzugte sie auch eine Zeitlang und sie wurden in den sechziger Jahren in ganz Europa sehr viel getragen.

Sie bieten in ihrer Ausführungsart vielerlei Abwechslung, große Blumen mit zarten chantillyartigem réseau lassen den Seidenglanz sehr zur Geltung kommen. Die feinen, schleierartigen, deren Dessin nur mit feinen Faden wie hineingestickt ist, können kaum als ihre Schwester erkannt werden. Sehr hübsch sind auch die mit silbernen oder goldenen Fäden durchzogenen. Der réseau ist meistens wie das der Lille, manchmal aus fond chant gebildet.

Die Blonden waren von jeher in Spanien sehr geschätzt, jede Spanierin besaß wenigstens eine Mantille aus Blonden und dort in ihrer Heimat waren sie nicht den Moden unterworfen.

Man erzählt sich von ihrem Ursprung, – fast jede Spitzengattung hat ihre Legende, – daß sie von einer trauernden Mutter, von den blonden Haaren ihres geliebten Kindes, das sechzehnjährig gestorben war, verfertigt worden waren. Dieser Schleier sah so reizend aus, daß bald andere Frauen versuchten, dieses Gewebe in feinen Seidenfäden nachzuahmen.

In Spanien werden sie in Barcelona zwar erzeugt, doch decken sie keineswegs den Bedarf Spaniens und dessen Kolonien und sind nicht so schön und gediegen, wie die in Caen, Bayeux, und Chantilly verfertigten. In Belgien werden sie in Grammont und Turnhout fabriziert. Im allgemeinen nimmt die Fabrikation mit dem allmählichen Verschwinden der spanischen Nationaltracht ab. Die Kolonien halten in der Beziehung mit dem Mutterlande Schritt. Im XVII. Jahrhundert hießen sie bisette, beide Namen blonde und bisette erinnern daran, daß man sie anfangs aus ungebleichtem Seidengespinst klöppelte, aber sie wurden sehr häufig auch schwarz verfertigt und sind sehr hübsch und wirkungsvoll. Die Blonden mit breiten Seidenflecken, die spanischen, sind cremeweiß, während die sogenannten französischen blauweiß sind und dadurch leicht einen grauen und verstaubten Eindruck machen.

Brüsselerspitzen. Point de bruxelles oder Brabanter.

Das absolut Charakteristische für alle Klöppelspitzen, welche diesen Namen führen, ist, daß bei ihnen zum Unterschiede von den fortlaufend gearbeiteten flämischen Klöppelspitzen ihre Blumen oder der ornamentale Leinenschlag in einzelnen Stücken am Klöppelpolster ausgeführt wird und dann erst sie mit brides oder réseaugrund zu einem Ganzen vereinigt werden. Man erkennt sie daher stets daran, daß die Fäden des toilé nicht wie Webfäden laufen, sondern daß der lange Faden, wie die Ringe eines Baumstammes, mehr oder minder parallel zu einem Mittelpunkte läuft, ferner daß dieses toilé nicht von einem festen Rand abgegrenzt wird, sondern immer wie mit einem à jour-Band umgeben ist, an dem dann später entweder die brides oder der réseau angeschlagen werden.

Diese Ausführungsart hat selbstverständlich Vor- und Nachteile. Vorzüge sind, daß man dadurch beliebig große Stücke nicht nur in der Länge, sondern auch in der Breite anfertigen kann, was bei in Einem gearbeiteten Spitzen völlig ausgeschlossen ist, da die Zahl der Klöppel in das Unendliche anwachsen würde.

Praktischen Vorteil hat diese getrennte Ausführung auch noch dadurch, daß man die Herstellung der einzelnen Motive mehreren Arbeiterinnen zu gleicher Zeit überlassen kann, und daß diese, was ihr Können anbelangt, viel ungebildeter sein dürfen, wie die Klöpplerinnen der fortlaufenden Spitzen. Natürlich erfordert das Zusammensetzen der Spitzen zu einem Ganzen wieder sehr geschmackvolle und geübte Arbeiterinnen.

Der Nachteil der getrennten Arbeit besteht darin, daß diese Spitzen durch das Zusammensetzen durchschnittlich nicht so dauerhaft sind, wie andere, ebenso feine, in Einem gearbeitete Spitzen; und daß das individuelle Gepräge verloren geht. Diese Art der Brüsseler Spitzen haben ähnliches technisches Verfahren wie die sogenannten mailändischen Klöppelspitzen und sind wie diese alt.

Die ältesten Brüsselerspitzen wurden ohne réseau gemacht. Sie sind auf einem runden Klöppelpolster hergestellt, der sich auf einer Achse dreht, so daß die Arbeit jeweilig in den Kurven zu der Person gewendet werden kann. Die Zeichnung ist breit und voll, große Rosen und Blumen liegen dicht nebeneinander angeordnet und sind mit brides picotés vereint, die jours werden mit points d'esprits oder quadratisch gelegten, feinen Stäbchen gefüllt. Einige feine Relief-Fäden, die nicht die Zeichnung umranden, sondern nur hie und da verwendet werden, akzentuieren die Blumen wie mit aufgesetzten Lichtern, sie sehen wie ein ganz feiner Saum aus. Man beachte, daß bei den Malines diese Umrandungen bloß aus einem stärkeren Faden gebildet sind und auch die modernen Brüsseler Applikations ihre Reliefverzierungen bloß aus einem Faden aufgesetzt haben.

Aus diesen ältesten Brüsseler Spitzen entwickelten sich dann sukzessive die duchesses in ihrer heutigen Gestalt, sowie die Brüsseler Applikations und die Bruges und vor allem die points d'Angleterre. Das toilé jeder Blume wird einzeln gemacht und hat wie alle Gattungen dieser Art den à jour-Rand des toilés an dem der spätere fond angeschlagen wird.

Duchesses sind die meist verbreiteten modernen Luxusspitzen. Die Zeichnung ist häufig ganz modernen Stils, sie sehen reich und kostbar aus, die brides und jours sind sehr oft mit der Nadel hineingesetzt. Das toilé ist fein und eine gewisse Eleganz läßt sich ihr nicht absprechen. Aufgesetzte Reliefe, Blüten und Blätter, viele Variationen von Klöppelschlägen, geben ihnen ein kostbares Aussehen.

Wer wirklich ein geschultes Auge für Spitzen hat, wird zwar stets die Spitzen anderer Ausführung vorziehen; so lange sie gediegen gearbeitet sind, schöne Zeichnung haben und nicht die leider allzuhäufig anzutreffende Marktware bilden, ist jedoch gegen die Duchesses nichts zu sagen.

Um aber auf die alten Brüsselerspitzen zurückzukommen, wurden diese in höchster Vollendung oftmals mit einem brides fond, ähnlich dem réseau rosacé der Nadelspitzen gemacht. Es ist das der stets in neuen Variationen auftauchende fond de neige der alten Binches, Valenciennes etc., der in den Formen von den Nadelspitzen und später wieder vom Klöppel für die getrennt ausgeführten Brüsselerspitzen nachgeahmt wurde, und dann point d'Angleterre à brides hieß, und später einen sechseckigen Klöppelréseau erhielt, der sehr ähnlich dem der Malines ist und heute nicht mehr ausgeführt werden kann. Die zwei Seiten des Hexagons, die geflochten sind, sind etwas länger, als wie die der Malines-Maschen; es sind dies die in alten Zeiten so viel genannten points d'Angleterre à réseau und sie hatten den Vorteil Spitzen zu sein, die den Anforderungen der damaligen Mode entsprechend in Schürzen, breiten Volants und dergleichen größeren Stücken angefertigt werden konnten, und die zu points d'Alençon in vielfachen Wechselwirkungen standen; das Dessin ist ganz der Auffassung dieser kostbaren französischen Spitzen nachgeahmt und es herrschte zwischen beiden, so lange sie hergestellt wurden, eine heftige Rivalität. Über point d'Angleterre sind von allen Autoren so verschiedene Meinungen ausgesprochen worden, daß es schwer ist, sich in dem Gewirre der Behauptungen einen Weg zu bahnen.

Alte point d'Angleterre haben wunderschönen Brüsseler (oder Droschel) réseau, die Masche ist fast ein längliches Viereck, es ähnelt äußerlich dem Alençon oder Burano réseau zum Verwechseln, erst bei scharfem Zusehen sieht man, daß der fond geklöppelt ist; auch brides picoté als Zierde kommen in Anwendung, welche ganz den brides picoté der points d'Alençon gleichen; diese brides dienen nur als Beweis, wie sehr sich der point d'Angleterre um die getreue Imitation des point d'Alençon bemühte.

Nimmt man Bücher zur Hand, so liest und findet man, daß bei den Autoren vollkommen verschiedene Ansichten, Bezeichnungen und Schilderungen von Spitzen dieses Namens gegeben werden.

Für die points d'Angleterre kann man absolut nur zwei Regeln aufstellen: a) sie müssen durchwegs Handarbeit sein (also nicht Brüsseler Applikation), b) sie dürfen in keiner anderen Kombination als wie in einer späteren Louis XIV., früheren Louis XV., üblichen Herstellungsart gemacht sein, also Motive feinster Brüsseler Arbeit separat gemacht entweder mit dem fond brides oder brides rosacé (point d'Angleterre à bride), oder mit dem feinen Droschelgrund (Brüsselerfond).

Ausnahmsweise kann man noch als point d'Angleterre Nadelmotive mit Droschelfond bezeichnen; aber diese Art Spitzen sind heute sehr selten geworden, so daß sie nicht oft in den Handel kommen und nur mehr in wenigen Stücken vorkommen.

Diese Gruppe der Brüsseler Spitzen, inklusive die point d'Angleterre, würde man mit dem Charakteristikon der Spitzen mit gewollten fonds, sei es der brides oder des Droschelgrundes bezeichnen können, während die anderen, die alten Brabanter, Duchesses, Bruges etc. alle nur den Notfond haben, weil die Zeichnung technisch nicht der Stützen entbehren kann. Bei ersteren ist der Fond eine Zierde, bei letzteren ein notwendiges Übel.

Als in Frankreich die manufactures du point de France an vielen Orten gegründet wurden, entstand in kurzer Zeit eine große Umwälzung in dem Aussehen der Spitzen. In Alençon wurden Nadelspitzen in großen Volants und tabliers zum ersten Male in dieser Ausdehnung gemacht; dies wurde ermöglicht durch die in Alençon aufgekommene Art, die Motive getrennt vom réseau anzufertigen. Dies war ganz neu, denn selbst die genuesischen und Brabanter Spitzen, die nicht in einem Zug mit der gleichen Anzahl Klöppel gemacht wurden, sondern mit wenig Klöppeln auf rundem Polster, wurden von Fall zu Fall, wie die Arbeit vorwärts ging, sofort miteinander verbunden. Die Arbeiterin hatte die Spitzen auf der Zeichnung aufliegen, und nicht wie die spätere Art der in sich abgeschlossenen Motive ganz separat zu verarbeiten. Mit den breiten volants und tabliers wurde eine große

Umwälzung in der Mode hervorgerufen. Valenciennes, Malines, alle diese Spitzen konnten nur mehr zu Garnierungen verwendet werden, und traten in den Hintergrund; da schufen die belgischen Unternehmer den point d'Angleterre: Klöppelmotive, die wie die Alençon separat gemacht wurden. Man konnte nun die Arbeit bei eiligen Bestellungen ebenso beschleunigen, wie die großen Stücke der französischen Nadelspitzen; point d'Angleterre wurde aus Klöppelmotiven mit Brüsselergrund, dem schönsten und technisch der Malines ähnlichen fond, gemacht. Man sieht an den ältesten points d'Angleterre die vollkommene Beeinflussung der Zeichnung durch französischen Stil, durch diese Neuerung war die Gefahr, daß belgische Spitzen ganz und gar von den französischen verdrängt würden, behoben; im Gegenteile, die points d'Angleterre machten der französischen Industrie große Konkurrenz, denn sie hatten eine Eigenschaft, die Nadelspitzen niemals haben, sie waren unendlich weicher und schmiegsamer und daher in vielen Fällen besser kleidend, und vor allem trotz ihrer Kostbarkeit billiger; denn Klöppelspitzen, noch so fein und kostbar, sind stets billiger wie die ähnlichen Spitzen in Nadelausführung.

Daß points d'Angleterre wie alle Spitzen verschiedene Entwicklungsstufen zeigen, ist kein Wunder. Zuerst also mit brides rosacé, dann dem Droschelfond, häufig mit jours aus brides als Übergang, dann Droschelfond in Streifen angefertigt und appliziert. point d'Angleterre wurde durch die baumwollene Brüsseler Applikation verdrängt und wird heute nicht mehr gemacht.

Der Streit, der sich um den Namen point d'Angleterre entsponnen hat, führt zu vielen Irrtümern. Man will sie als Gattung[11] ganz leugnen; doch mit Unrecht, denn in alten Schriften findet man sie häufig erwähnt. Nur wäre zu erklären, wieso sie zu diesem Namen kamen: In aller Stille hatte England an seinem Reichtum und an seiner Industrie gearbeitet, man sprach nicht viel von dem Inselvolke, es hatte kein Versailles und war damals noch nicht Mode machend, aber es war reich geworden und der Wohlstand war in allen Klassen verteilt, es hatte einen angesehenen Bürgerstand und Patricier, wie die Niederländer und West- und Mittel-Deutschen, die Menschen waren energisch, fleißig und aufwärts strebend. Zur Zeit als in Frankreich schon die groben Mißwirtschaften des französischen Hofes und Adels das Volk und den Bürgerstand in seiner Entwicklung hinderten.

Von keinem Volke hatten die Engländer so viel gelernt, wie von den Niederländern. Wenn es heute noch in Wolle, Tuch und Leinweberei an erster Stelle steht, verdankt es dies den Lehren der Niederländer, das Praktische machte es sich zu eigen und überholte die Niederländer darin; das Schöne aber entlieh es und wußte es zu zahlen. Ein Holbein, ein Van Dyk wurden in England gefeiert und ihre Leistungen wurden mit Gold aufgewogen; so wußten sie die Spitzen der nahen Niederlande auch zu schätzen und sie bildeten einen bedeutenden Ausfuhr-Artikel von Belgien nach England. Dieses war damals nicht selbständig in Mode und Geschmack, wenn es aber nicht alles aus Frankreich bezog, was Luxus anbelangt, so mag das seinen Grund darin gehabt haben, daß Frankreich alle Höfe und alle Moden des Kontinentes zu versorgen hatte und der regen Nachfrage entsprechend, hohe Preise machte; mit den Niederlanden und Belgien stand England von jeher in steter Verbindung, es waren verwandte Volksstämme, Schiffervolk und Kaufleute und wenn sie nicht direkt Ware tauschten, so geschah dies doch indirekt, durch Gesetze und Bestimmungen für Zölle, Begünstigungen und Verbote von Warenausfuhr, die sich in beiden Ländern für einander regelten. Erließ England ein zu großes Einfuhrsverbot gegen Spitzen, antworteten die Niederlande mit dem Boykott der englischen Wolle, bis das erstere Verbot widerrufen wurde. Es ist selbstverständlich, daß ein reicher und angesehener Kunde stets Rücksicht und Entgegenkommen von Seite des Verkäufers finden wird und so wurden auch die oben geschilderten Brüsseler Klöppelspitzen in zusammengesetzter Ausfertigung für den englischen Markt points d'Angleterre genannt, daß dieselben Spitzen unter dem gleichen Namen in Frankreich Furore machten ist nicht zu verwundern. Viele Spitzen mögen von Belgien über den Kanal nach England und wieder über das Wasser nach Frankreich gewandert sein. Dieses kleine Manöver verlohnte sich der Mühe, denn Frankreich hatte sich gegen belgische und Venetianer Spitzen-Einfuhr mit enormen Zöllen geschützt, und für das nicht Spitzen produzierende England war kein Zoll vorgesehen. Außerdem war damals die Herzogin Henriette von Orleans, eine englische Prinzessin, vielleicht angesehener und tonangebender wie die Königin, welche ein Scheinleben der Etikette führte, während die englische Prinzessin, elegant und liebenswürdig, sogar eine Zeitlang als der Flirt ihres königlichen Schwagers galt.

In neuerer Zeit versuchten einige Autoren, es sei betont, nicht englische, zu beweisen, daß der point d'Angleterre nichts anderes als wie der schöne Vorgänger der Honitons sei, aber wie beweisen sie es? Durch nichts. Überall in den Dokumenten der damaligen Zeiten liest man, wenn von Spitzen die Rede ist, vom point d'Angleterre, er war ganz ungemein verbreitet und es wäre kaum zu begreifen, daß diese massenhaften Erzeugnisse der englischen Industrie ganz unnachweisbar verschwunden sein sollten. Es soll das kostbare Geheimnis des schönen Brüsseler oder Droschelfonds, den kein anderes Spitzenland je zu verfertigen wußte, besessen haben und doch nirgends erwähnt werden? Dagegen sollen die authentischen Erwägungen und Berichte über den schwunghaften Schmuggel der belgischen Spitzen nach England kein Beweis sein, daß England enorme Summen dafür ausgab, obwohl es zu Hause die herrlichen und hochmodernen points d'Angleterre hätte kaufen können. Einmal, wird erzählt, wurde eine ganze Schiffsladung belgischer Spitzen konfisziert – wie viele Tausende von Metern müssen das gewesen sein! point d'Angleterre war eine neue Schöpfung und um diese zu lancieren, mußte man einen Namen erst erfinden, denn sie mußte als etwas Neues hervorgehoben werden. So war der Name point d'Angleterre in mannigfacher Art opportun.

Duval bringt ein Dokument zum Abdruck:

> »Un arrêt de Conseil d'Etat du 12 mars 1691.
>
> Les ouvriers qui travaillent aux dentelles de fil ont depuis quelques années inventé une façon de dentelles faites par morceaux ou pièces de rapport qui sont ensuite rassemblées au fuseau appelées communément dentelles d'Angleterre ou dentelles de Bruxelles dont la fabrique est très mauvaise et l'usage de peu de durée. Cette nouvelle façon de dentelles pourrait insensiblement diminuer la qualité et valeur des autres bonnes dentelles etc.
>
> Sa Majesté desirant empêcher un abus si préjudiciable au commerce defend etc. etc.«

Freilich stammte aus jener Zeit die Einführung und Gründung der Honitons, die aber als Spitzengattung nicht im geringsten den Vergleich mit alten point d'Angleterre aushalten. Honitons sind Spitzen, die große Ähnlichkeit mit den duchesses haben, sie sind im Grunde nichts anderes. Niemals aber erreichen sie den Reichtum, die Abwechslung an Füllungen und jours, diesen Stil der Zeichnung im Einklang mit der geistreichen Interpretation wie die points d'Angleterre; wer darüber sprechen will und dies behauptet, hat eben noch nie wirklich schöne alte points d'Angleterre gesehen, die tatsächlich sehr selten und kostbar sind. Points Honiton sind eben Duchesse mit meistens recht minderen Zeichnungen und einer sehr handwerksmäßigen Interpretation.

Chantilly.

Chantilly sind Spitzen, die unter Louis XIV. Regierungszeit in der französischen Stadt dieses Namens aufgekommen sind. Es sind Spitzen, die aus Seide und zwar aus der besten verfertigt wurden; meistens versteht man darunter schwarze Spitzen, aber sie wurden auch in Weiß ausgeführt. Es sind Spitzen, die in großen Volants und Tüchern hergestellt wurden und eine Zeitlang auf hellem Seidengrund vielfach bei Hof getragen wurden. Die Mode fällt in die Zeit, als überhaupt die breiten Volants für Toiletten begehrt wurden, es sind die Spitzen, die als erste in dieser Größe und Ausdehnung gemacht wurden. Als réseau kam der fond de Lille und fond chant (de Paris) in Anwendung. Sie wurden unendlich fein und zart gearbeitet und geklöppelt und der Dessin ist mit einem stärkeren Faden gebildet. Später unter Louis XV. wurden die Zeichnungen stark stilisiert und spärlich. Chantilly waren stets von der Fluktuation der Mode sehr beeinflußt, naturgemäß kamen sie zu Zeiten von Hof- und Landes-Trauer immer wieder in Mode. So kann man großen Bedarf unter Louis XV. – Louis XVI., dann unter Josefine und Kaiserin Eugenie konstatieren. Im Anfang des XIX. Jahrhunderts brachten sie eine Neuerung, das dreieckige Tuch; diese Form wurde den damals alles beherrschenden indischen Schals entliehen und vertrat diese im Sommer.

Es sind Spitzen, die sehr unter der decadence der Zeichnung um die Mitte des XIX. Jahrhunderts litten. Doch war die Ausführung eine zarte, sorgfältige und kostbare.

Sie haben in der Fabrikation die einzige Eigenart, daß sie in Streifen, gleichgiltig ob réseau oder Dessin, gleichmäßig hergestellt und dann durch unsichtbare Zusammenfügung zu großen Stücken gestaltet wurden.

Es war durch mehr wie ein Jahrhundert gebräuchlich, daß Chantilly wenigstens durch ein Stück in einem eleganten Trousseau vertreten war. In modernen Zeiten wurden sie in gröberer Ausführung in Grammont und Belgien hergestellt, doch da an dem Rohmaterial, einer stark und schwerfällig gefärbten Seide gespart wurde, erreichten sie nicht den Glanz und die Elegance der ursprünglichen Chantilly-Fabrikation. Außer der europäischen Mode hatten sie eine große Bedeutung in der spanischen Nationalkleidung, wo sie neben den schwarzen Blonden in Spanien und in dessen Kolonien ungemeine Verbreitung hatten.

Doch keine von allen Spitzengattungen wurde so schnell und gleich vorzüglich wie sie von der Maschine imitiert. Dies und die immer mehr abnehmende Nationaltracht der Spanierinnen hatte zur Folge, daß ihre

Erzeugnisse stark erschütternde Krisen durchzumachen hatten. Grammont machte eine solche in der traurigsten Weise durch.

Schöne alte Chantilly besitzen aber heute noch einen großen Wert und werden als Erbstücke in Ehren gehalten.

Außer diesen feinen aristokratischen Seidenspitzen drängte sich im Wechsel der Mode ein bürgerliches Surrogat der schweren Wollspitzen ein, die zu verschiedenen Zeiten unter gewechselten Namen zum Beispiel als Lama auftauchen und eine mehr oder minder langlebige Modeerscheinung waren; künstlerisch haben diese nicht viel Bedeutung. Sie wurden größtenteils in der Auvergne, in Puy und Umgebung fabriziert und tragen den gröberen torchon-Charakter dieser Spitzen-Zentren zur Schau. Doch immer wieder werden diese Spitzen, von Modelaunen abhängig, auftauchen und verschwinden, wie es der Caprice der Mode oder dem Unternehmungsgeist einzelner großer Fabrikanten entspricht. Die soziale Tendenz ist aber diese, daß die Arbeiterinnen immer weniger gerne schwarze Spitzen erzeugen, da dieses den Augen ungleich schädlicher wie die weiße Spitzenfabrikation ist. –

Buchdruckerei Roitzsch, G. m. b. H., Roitzsch.

Abbildungen

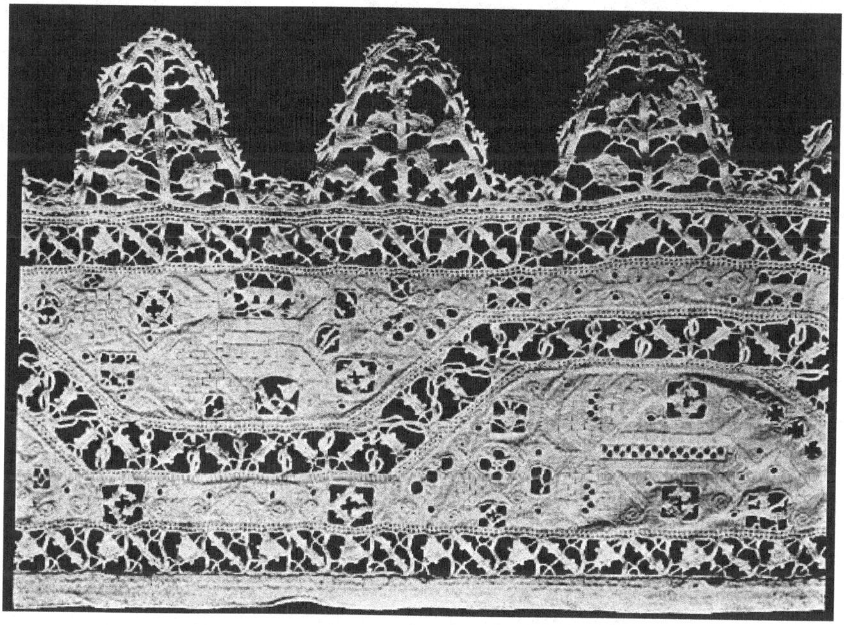

POINT COUPÉ MIT RETICELLA

RETICELLA

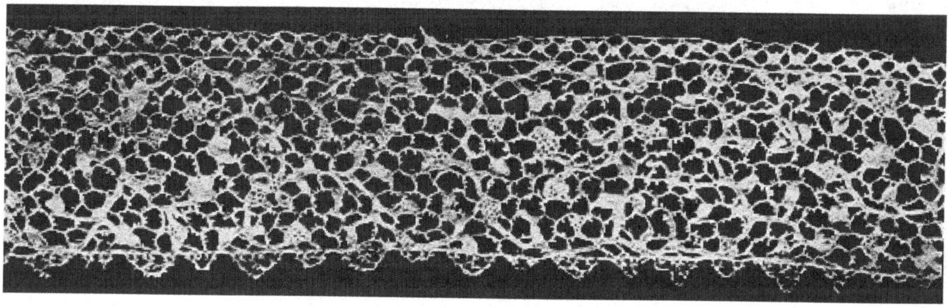

POINT PLAT DE VENISE

VENETIANISCHE NADELSPITZEN

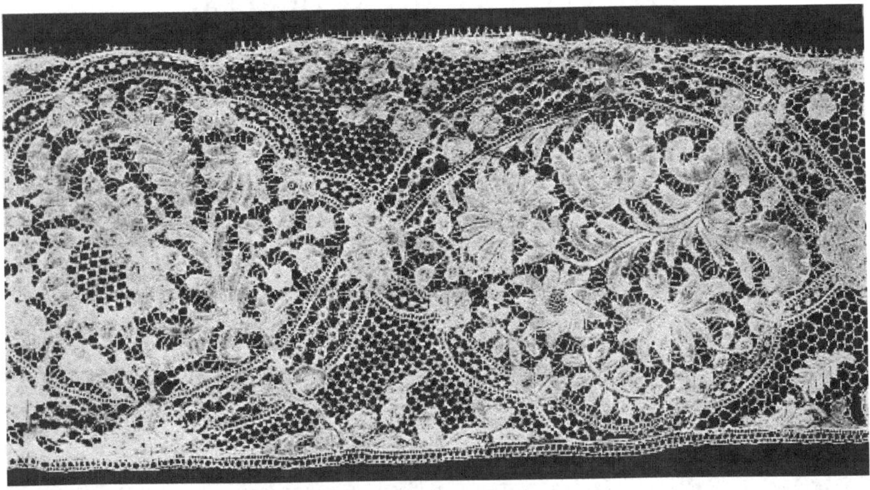

BRÜSSELER KLÖPPELSPITZEN, BRABANTER ODER POINT D'ANGLETERRE GENANNT

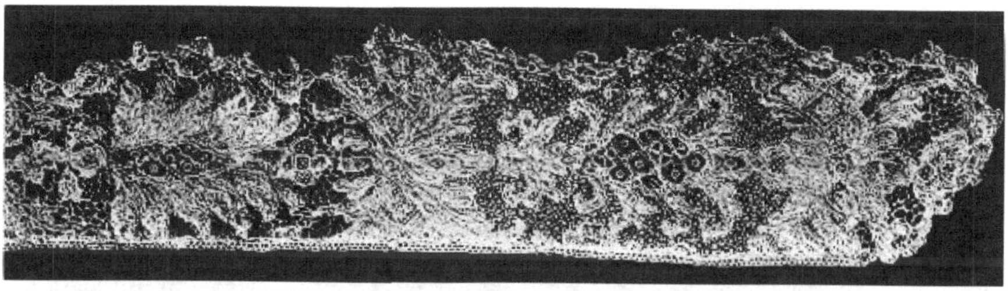

POINT D'ALENÇON MIT RÉSEAU ROSACÉ

POINT D'ALENÇON

ITALIENISCHE BAUERNSPITZEN IN DER ART DER MAILÄNDER

MALINES

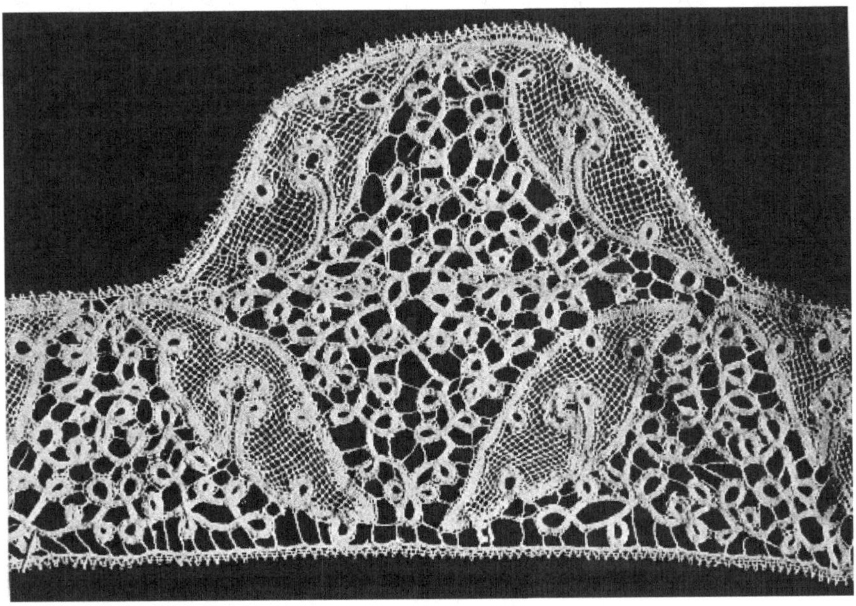

GENUESISCHE KLÖPPELSPITZEN

VALENCIENNES BARBE

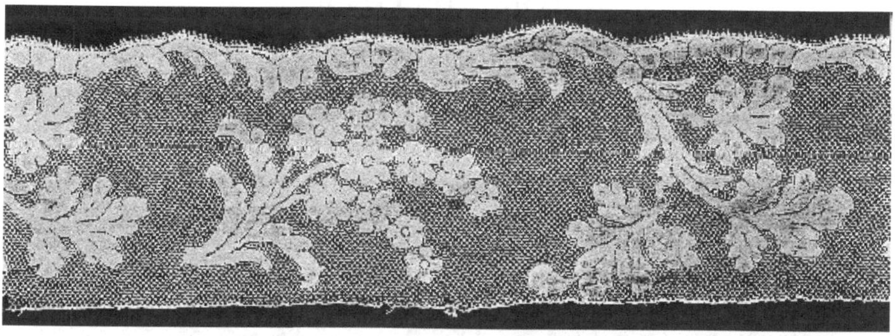

VALENCIENNES

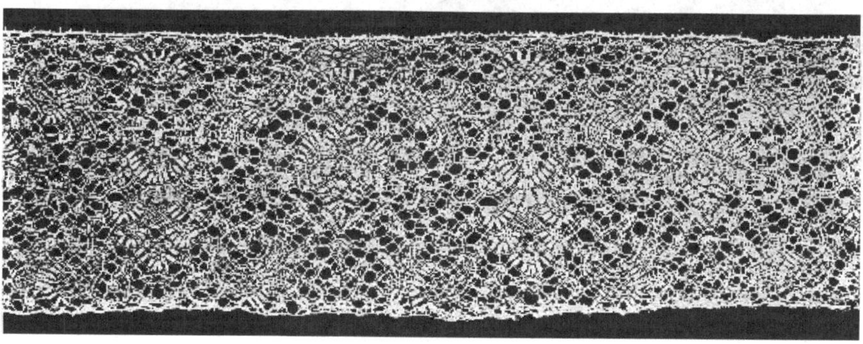

BINCHE

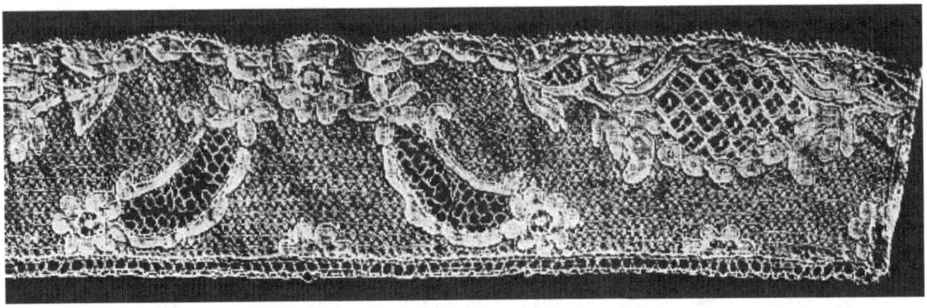

MALINESARTIGE SPITZEN MIT SELTENEM GRUND

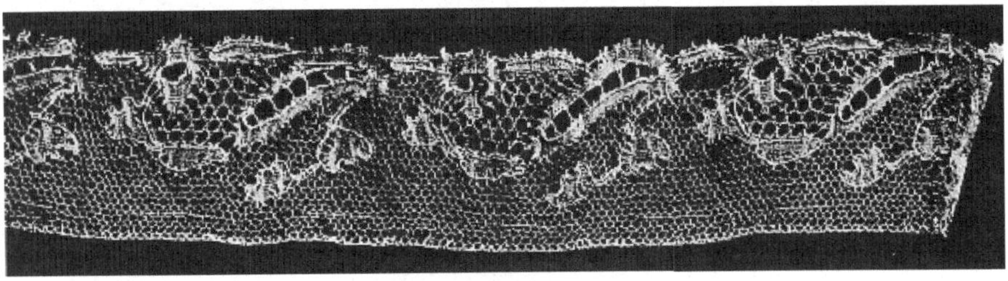

POINT DE LILLE

POINT D'ALENÇON

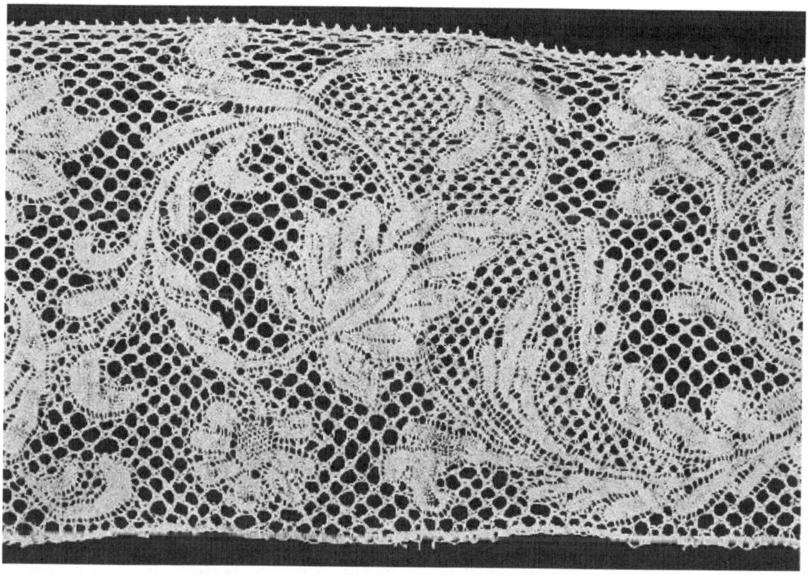

KLÖPPELSPITZEN IN ART DER ÄLTEREN VALENCIENNES, WAHRSCHEINLICH JEDOCH ITALIENISCHE ARBEIT

HAUBENDECKEL, BRÜSSELER KLÖPPELSPITZEN, SOGEN. POINT D'ANGLETERRE

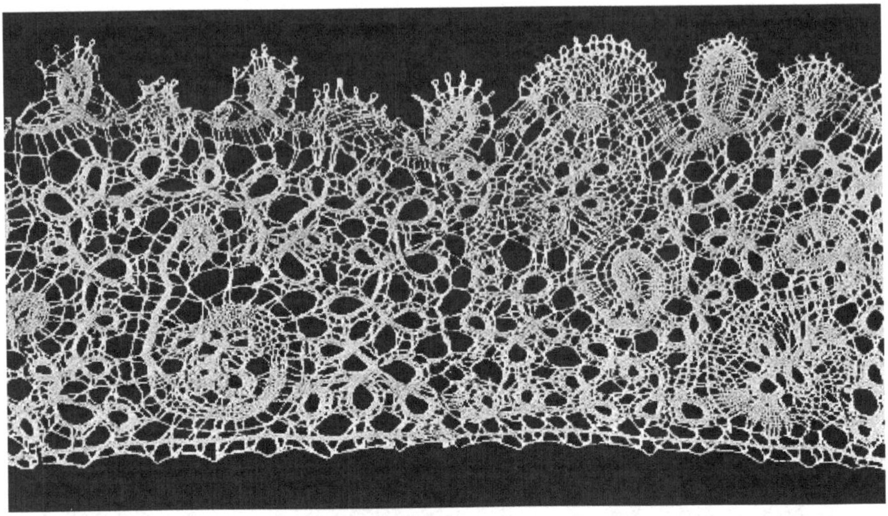

KLÖPPELSPITZEN IN GETRENNTER AUSFÜHRUNG

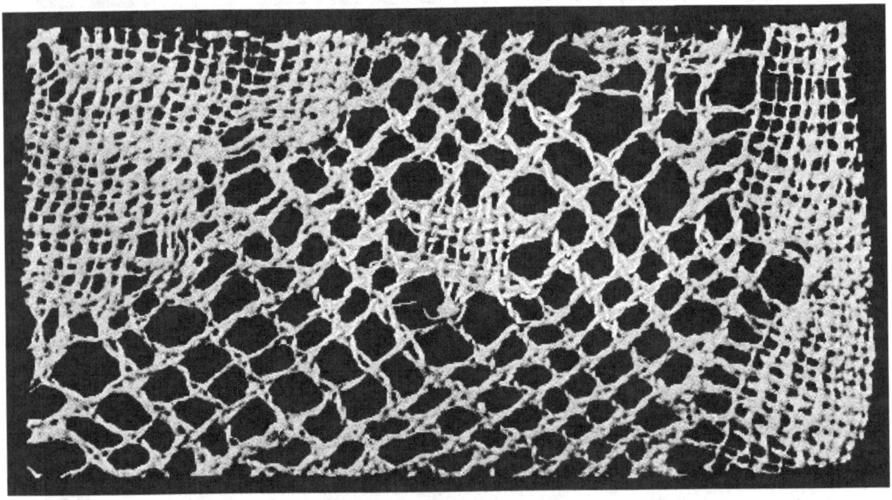

SEHR EINFACHE SPITZEN (HOLLAND UND NORD-FLANDERN) IN EINEM ZUGE GEARBEITET
(Stark vergrössert)

POINT DE LILLE
(Stark vergrössert)

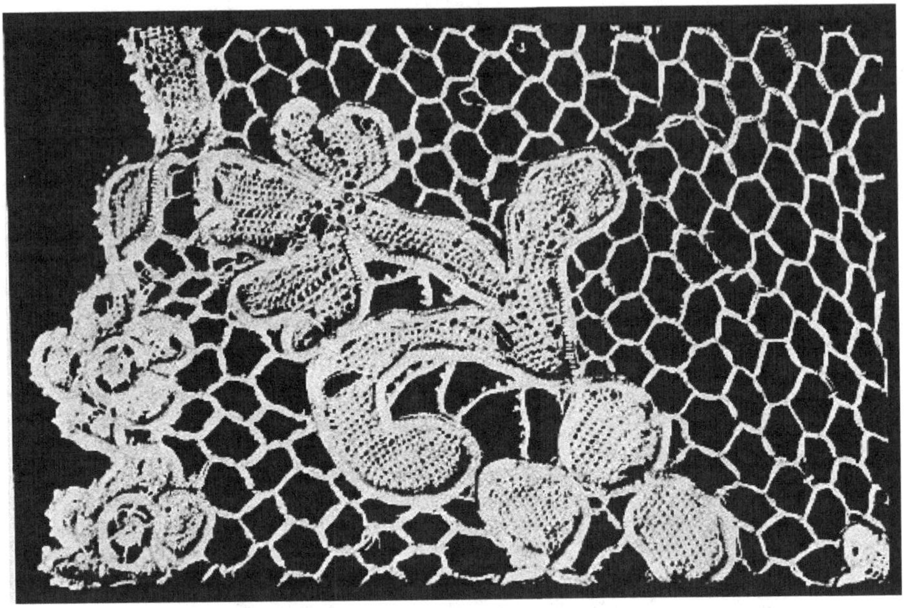

POINT D'ARGENTAN
(Stark vergrössert)

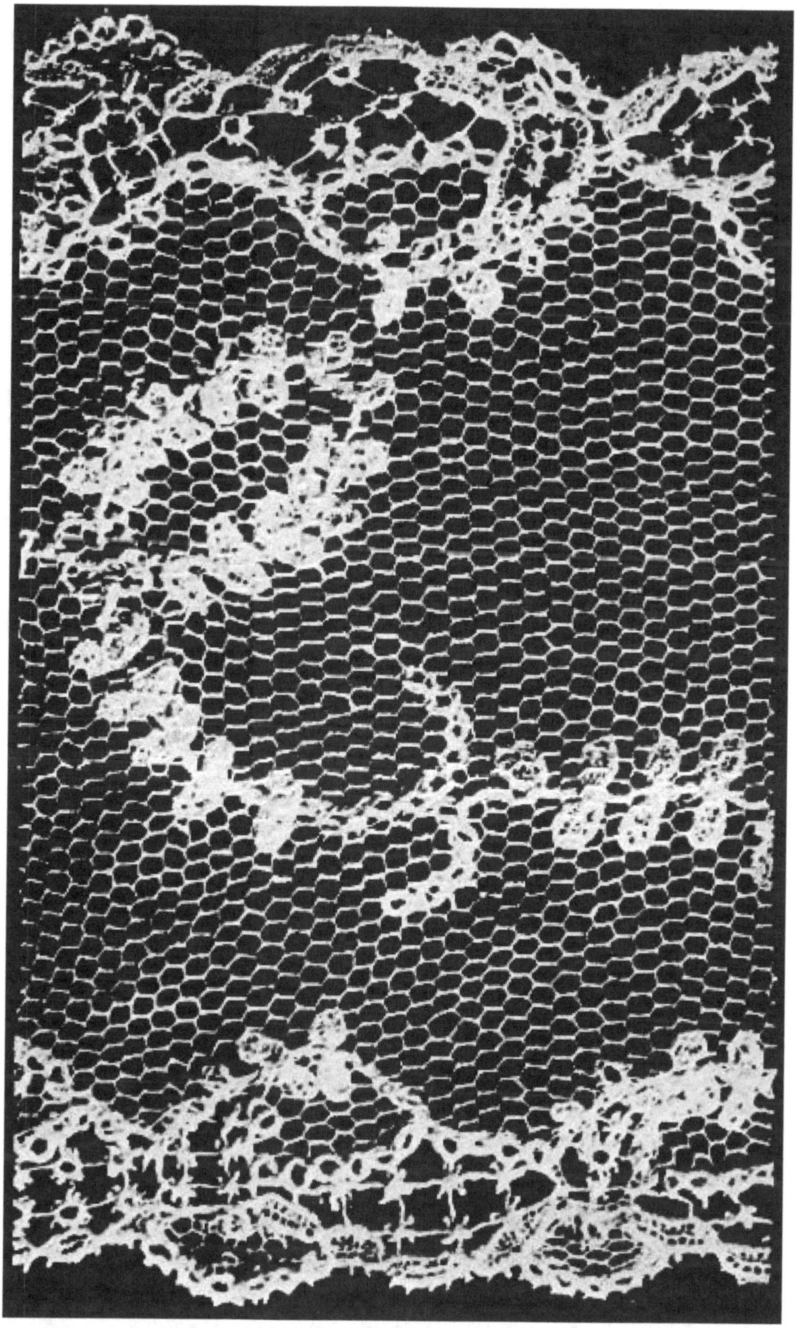

BRÜSSELER APPLIKATION MIT ECHTEM KLÖPPELGRUND, SOGEN. DROSCHELGRUND
(Stark vergrössert)

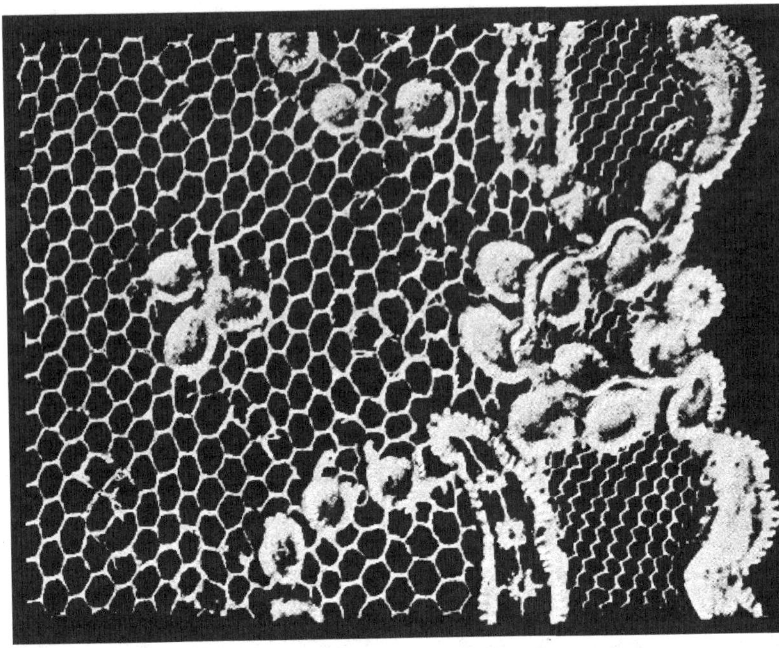

POINT D'ALENÇON
(Stark vergrössert)

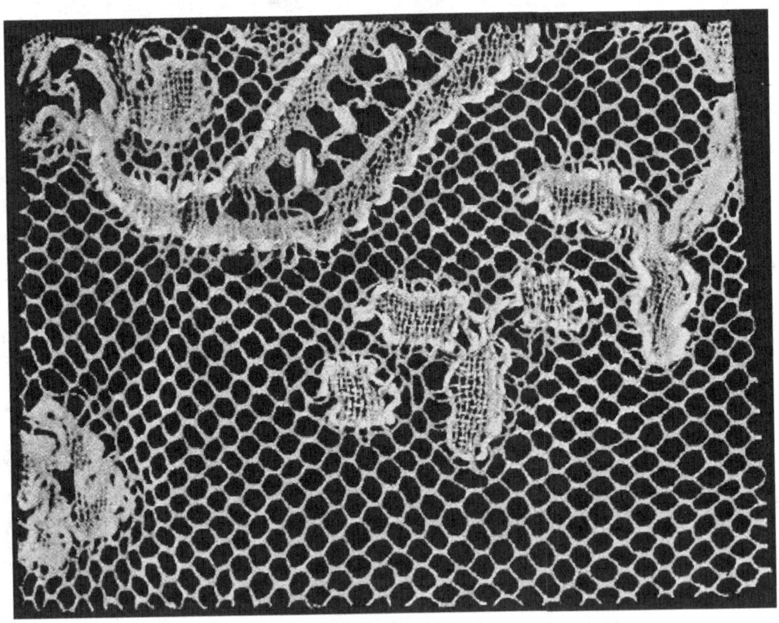

MALINES
(Stark vergrössert)

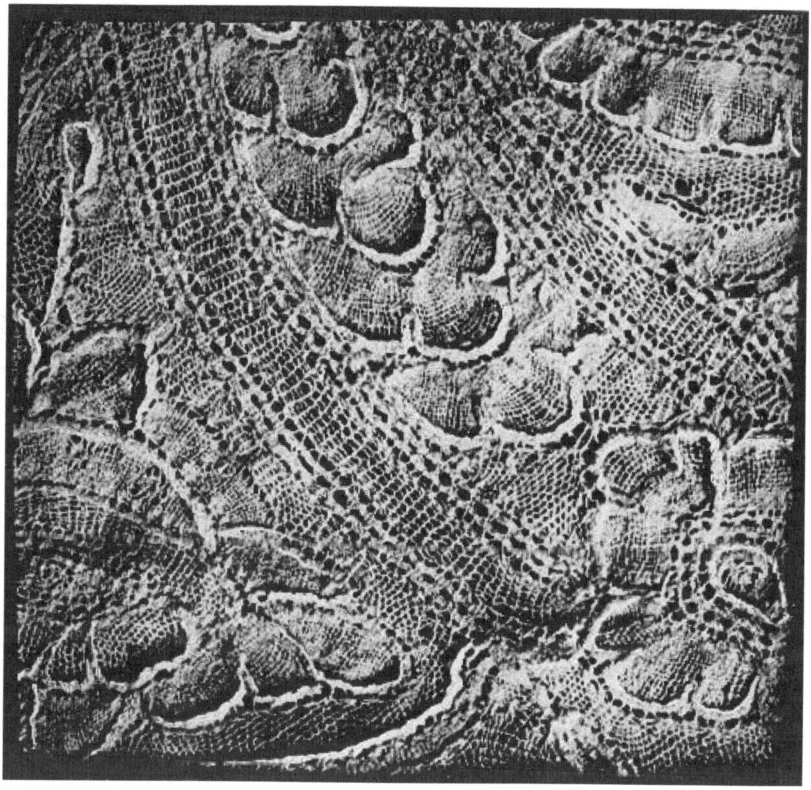

ALTE BELGISCHE SPITZEN
Ohne *réseau* und ohne *jours*; sie haben nur zweierlei *toilé* (Leinenschlag).
In neuerer Zeit im Bruger Bezirke nachgeahmt
(Stark vergrössert)

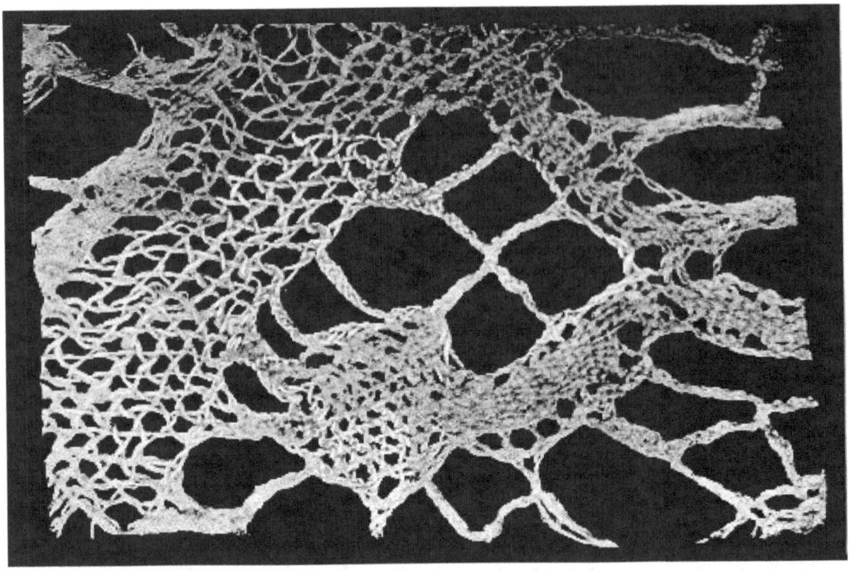

ALTE POINT DE FLANDRE
(Stark vergrössert)

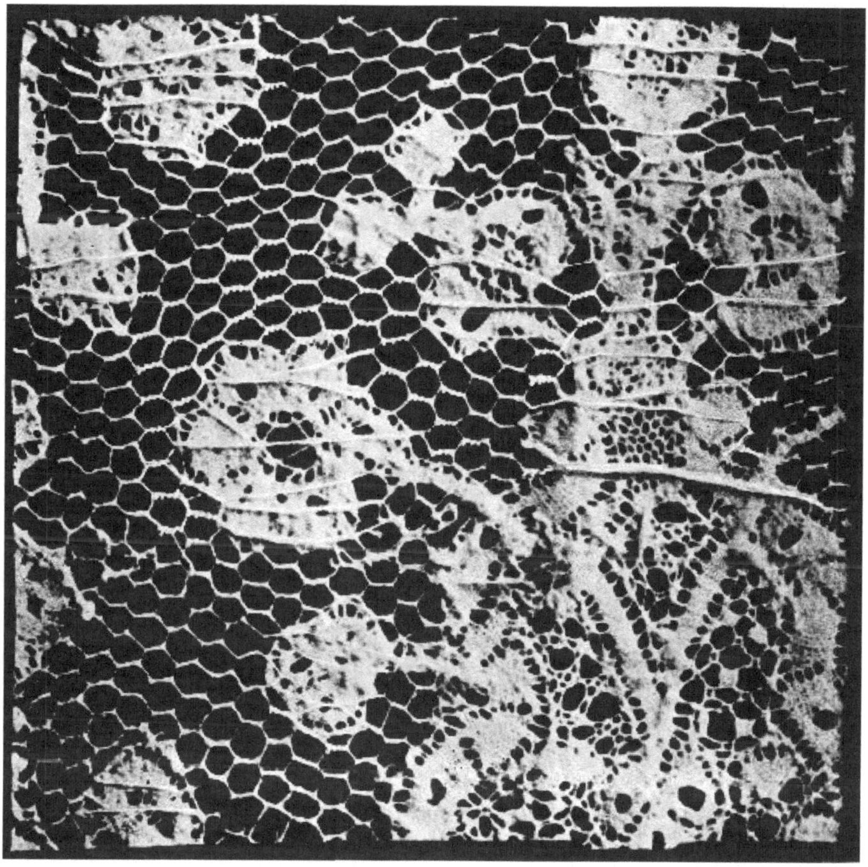

ANSICHT DER VERKEHRTEN SEITE VON FLÄMISCHEN KLÖPPELSPITZEN
(Stark vergrössert)

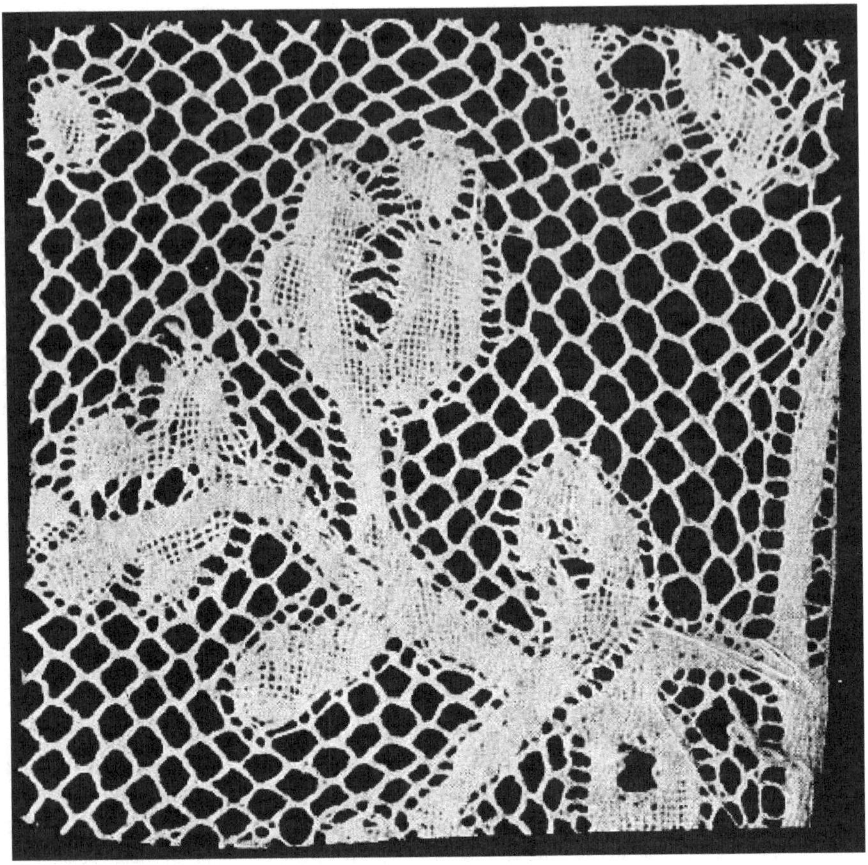

BRABANTER IN ZWEI TEILEN GEARBEITET
(Stark vergrössert)

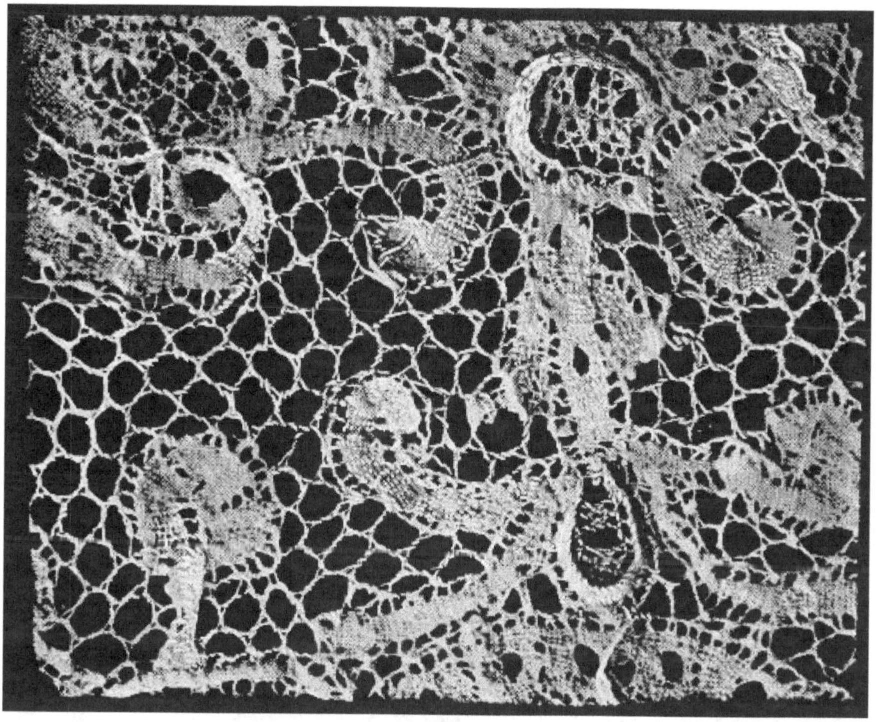

VALENCIENNES MIT RUNDER MASCHE

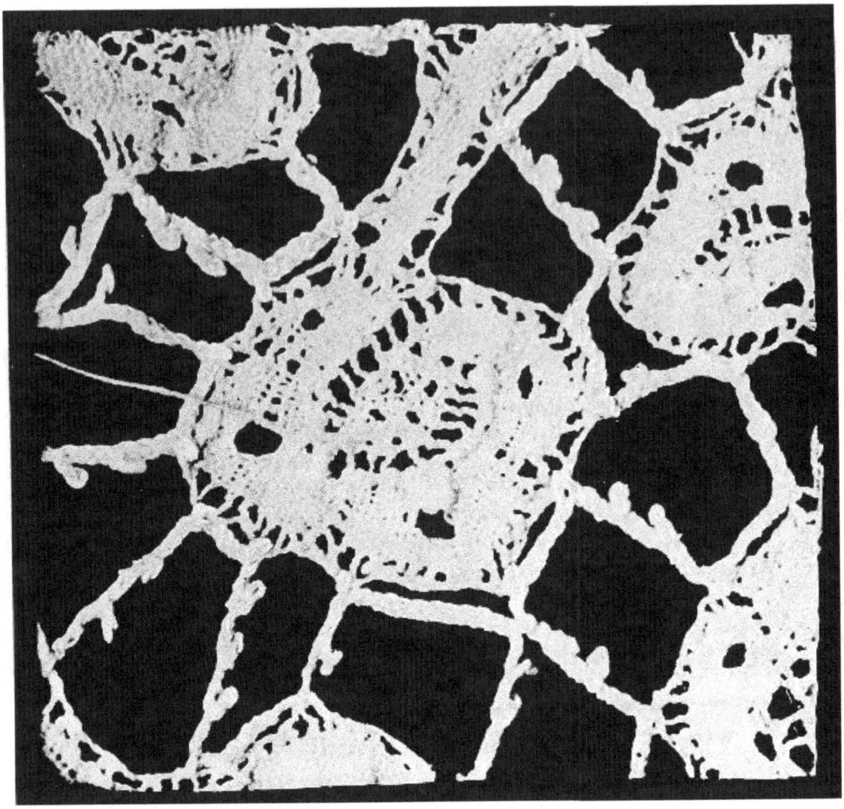

ALTE POINT DE BRUGES
Zuerst wurden die »Blumen« angefertigt und dann mit *Brides* verbunden;
alles auf einem runden Polster mit wenigen Klöppeln gearbeitet

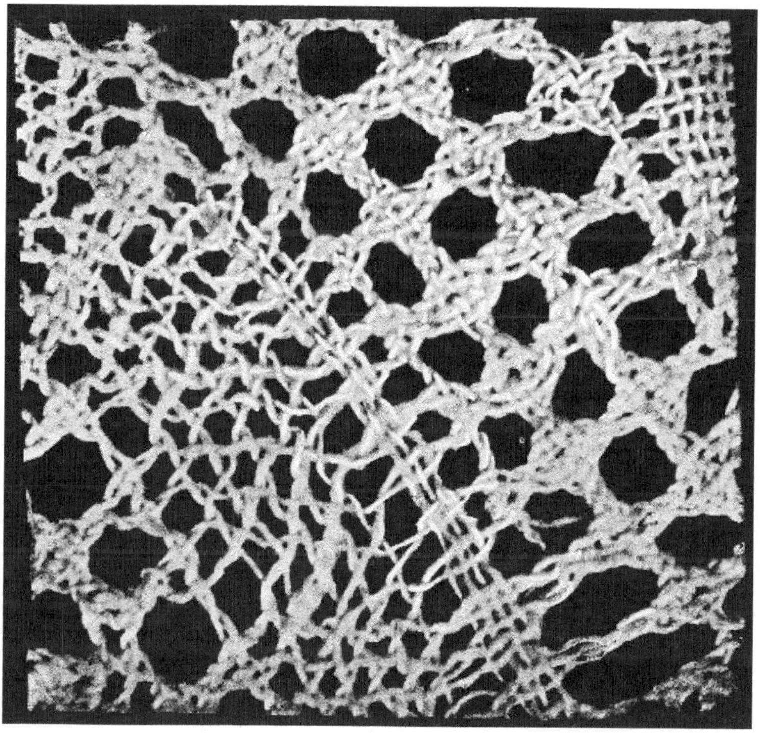

ALTE POINT DE FLANDRE
Vorläufer der *Valenciennes*, *Lilles*, *Malines* etc.

Fußnoten

1 Nämlich in moderner Ausführung, bei den alten ist das selbstverständlich.

2 fleurs volantes.

3 Brides picotées oder campanées.

4 Die sechste Seite der Masche wird schon von dem eigentlichen Ornament gebildet.

5 Der Grund ist hier stärker wie die sich zart abhebende Zeichnung, was eine schönere Wirkung hervorbringt, bei den point de gaze de Bruxelles verhielt sich die Sache umgekehrt, der fond ist unproportioniert zart zum Dessin.

6 Diese Gattung Nadelarbeit mit Klöppeltülle kombiniert wird von vielen Autoren auch als Point d'Angleterre bezeichnet.

7 Droschelgrund nennt man im flämischen den sechseckigen Maschengrund, wie er bei den Malines gearbeitet wurde.

8 Blonden wurden verhältnismäßig am meisten im Lande fabriziert.

9 Macramè sind aus Fransen geknüpfte Spitzen, wenn der Faden der Fransen zu lang war, verwirrte er sich leicht. Der Gedanke lag nahe, ihn auf einer Spule aufzuwickeln – nun wurde die Spule ein Hindernis beim Knüpfen, man verkreuzte die Fäden einfach oder geflochten – dies bedingte aber vorläufige Stützpunkte – erst mit der Erfindung der Drahtstecknadel (Nürnberg 1513) konnten die eigentlichen Klöppelspitzen ausgeführt werden.

10 Das Wort Häkelnadel könnte leicht einen falschen Begriff geben; sie dient nur dazu, um den Faden in einer Schlinge am Rande der fertigen Motive durchzuziehen, durch welche Schlinge ein Klöppelpaar gezogen wird.

11 Man kann aber ebensogut diese selben Spitzen alte Brabanter, alte Brüsseler, nennen – es erscheint mir nur angezeigt, den wirklich einst gebräuchlichen Namen zu verwenden.